江苏高校品牌专业建设工程资助项目

绿色建筑设计教程

Green Studios
Teaching Programmes of
Sustainable Architectural Design

U0269993

张彤　鲍莉　主编

东南大学建筑学院

绿色建筑设计教程编写组

中国建筑工业出版社

图书在版编目（CIP）数据

绿色建筑设计教程 / 张彤等编著 . —北京：中国
建筑工业出版社，2017.11
ISBN 978-7-112-21347-4

Ⅰ . ①绿⋯ Ⅱ . ①张⋯ Ⅲ . ①生态建筑－建筑设计－
高等学校－教材 Ⅳ . ① TU201.5

中国版本图书馆 CIP 数据核字（2017）第 252978 号

本书是近年来东南大学建筑学本科"绿色建筑设计"教学
研究与实践的集成，通过五个年级代表性课题的教学案例实
录，全景式呈现出该校绿色建筑设计教学的架构、实践及成果。
本书可供高等学校建筑学、城乡规划、风景园林、艺术设计等
专业的师生使用，也可作为广大专业人士工程实践和学术交流
之用。

责任编辑：陈 桦 张 健
责任校对：王 瑞 张 颖

绿色建筑设计教程

Green Studios : Teaching Programmes
of Sustainable Architectural Design

张彤 鲍莉 主编
东南大学建筑学院绿色建筑设计教程编写组
＊
中国建筑工业出版社出版、发行（北京海淀三里河路 9 号）
各地新华书店、建筑书店经销
北京方舟正佳图文设计有限公司制版
北京富诚彩色印刷有限公司印刷
＊
开本：787×1092 毫米 1/16 印张：12¾ 字数：257 千字
2017 年 10 月第一版 2019 年 1 月第二次印刷
定价：99.00 元
ISBN 978-7-112-21347-4
　　（31065）

东南大学建筑学院的前身是中央大学、南京工学院和东南大学建筑系。2003 年，在原建筑系的基础上组建"建筑学院"。其是中国大学建筑教育中最早的一例，自 1927 年建系以来已走过 90 年历程。90 年筚路蓝缕、成长壮大、传承创新，为国家培养了包括院士、大师、总师、院长等在内的大批杰出人才，贡献了大量重要的学术成果和设计创作成果，成为中国一流的建筑类人才培养、科学研究和设计创作的基地，并在国际建筑类学科具有重要影响力。值此 90 周年院庆之际，编辑出版《东南大学建筑学院 90 周年院庆系列丛书》，一为温故 90 年奋斗历程，缅怀前辈建业之伟；二为重温师生情怀和同窗之谊，并向历届师生校友汇报学院发展状况；三为答谢社会各界长期以来对东南大学建筑学院的关爱和支持。

　　这套丛书包括《东南大学建筑学院学科发展史料汇编 1927-2017》、《东南大学建筑学院教师访谈录》、《东南大学建筑学院教师设计作品选 1997-2017》、《东南大学建筑学院教师遗产保护作品选 1927-2017》、《绿色建筑设计教程》、《建筑·运算·应用：教学与研究 I》等共计 6 册。其中《东南大学建筑学院学科发展史料汇编 1927-2017》完整展现了东南大学建筑学院各学科自 1927 年建系至今的发展历程，整理收录期间的部分档案资料，本书亦可作为研究中国近现代建筑教育源流及发展的参考资料；《东南大学建筑学院教师访谈录》收录了部分老教师的访谈文稿，是学院发展各阶段的参与者和见证者对东南建筑学派 90 年发展历程生动且真切的记录和展现；《东南大学建筑学院教师设计作品选 1997-2017》汇集了近二十年来建筑学院在任教师的规划设计作品共计 99 项，集中反映了东南大学教师实践创作的成果、价值与贡献；《东南大学建筑学院教师遗产保护作品选 1927-2017》依实践中涉及的建筑遗产保护五大类型，选有自 20 世纪 20 年代以来 90 余年完成的保护项目共 65 例；《绿色建筑设计教程》是近年来学院在建筑学前沿方向教改研究的成果之一，体现了在面对全球气候变化和能源环境危机时建筑学教育的思考与行动；《建筑·运算·应用：教学与研究 I》着眼于计算机编程算法，在生成设计、数控建造和物理互动设计等方向，定义、协调或构建与城市设计、建筑设计、建造体系相关的各种技术探索，结合教学激发多样设计潜能。

　　期待这套丛书能成为与诸位方家分享经验的桥梁，也是激励在校师生不忘初心，继续努力前行的新起点。

编者识

目 录 Contents

绪言：绿色建筑的学科自主性与教学方式

张彤

形式的能量法则

人类建造房屋的原始动因是在自然环境中营造一个放置自我的"内部空间"，在这个相对的"内部"中寻求庇护，得到安全和舒适。人类所有的建造可以归结于两个基本过程——空间营造与环境调节。

人们使用可以获得的物质材料、搭接构建，实现空间跨越和围合，形成内部空间。在这个"空间营造"的过程中，人们需要在重力环境中寻求牢固、有效的构件连接，这个组成了我们称为"构造"的知识与技能。在此基础上，被连接起来的构件需要达成一定程度的空间跨越和围合，由此形成了我们称为"结构"的知识范畴。追溯到基本的动机和过程，可以发现空间营造遵循的一个基础法则，即"形式的重力法则"。它是贯穿建筑学发展的一条显性线索，涵括材料、构造、结构以及由此形成的建构的形式与意义。

人们营造自我的"内部"，除了安全防护以外，也需要遮风避雨、通风采光、避寒取暖，调节内部环境，满足身体的舒适要求。这种适应环境气候、寻求居住舒适性的动因决定了各地建筑不同的空间形态和围护结构性能，它们或聚合，或离散，或开敞，或闭合。究其本源，是保蓄、释放与传递能量的形式固化与秩序表达。由此，我们可以发现人类造屋遵循的又一个基础法则，即"形式的能量法则"。任何合理的建筑形式都是能量的构形，作为一种人工构筑的能量调节系统，通过建造形式和空间组织，在气候与身体之间建立平衡，创造舒适的内部环境。这是建筑学发展的一条隐性线索，构成了世界各地与气候环境相适应的多样的生活方式、丰富的建筑传统与地域文化形态。

形式的重力法则培育了物质性的材料建构与文化，形式的能量法则培育了非物质性的能量建构与文化，二者共同构成了建筑学自主性的学科内核，也是建筑学发展的基本内驱力（图0-1）。长期以来，前者占据了建筑学的显在话题，后者直到20世纪后半叶才被提到理论认识和讨论的范畴，而这个时候建筑学已经疏离能量法则及其曾经具有的基本驱动

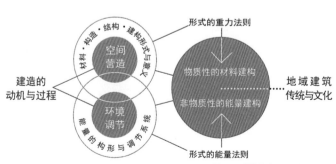

图 0-1　建筑的过程、动机、法则与建构传统

力将近一个世纪，我们的地球环境也在经历着气候变化与能源危机。

对能量法则的揭示阐明了建筑学的认识对象不仅限于可见的物质材料，还应包括不可见的物质——空气，及其传递和蓄有的能量。空气也许是被 20 世纪建筑遗忘的最重要的材料。房屋的形式决定了内外能量交换的方式；反之，能量的获取、保有和传递方式也影响甚至决定着房屋的构形。二者相互决定的机制定义了形式的能量法则，它在多个层面赋予形式以秩序，奠定了地域建筑文化中最为恒定的内核。

绿色建筑的学科自主性

作为人类建造房屋的原始动机和基本过程之一，环境调节无外乎两种方式——"燃烧"或是"建造"。从原始人在荒原上点燃第一堆篝火开始，人类就开始用消耗能源的方式调节环境。根据不同的资源条件和气候特征，各地的乡土建筑发展出不同的动力策略来调节环境，包括火塘、油灯、壁炉、火炕、煤炉……直至工业革命以后的电灯、锅炉和空调等等。它们的共同点是"燃烧"，或是直接燃烧燃料获得环境调节的能量，或是将能源转化为环境调控装置所需的动力。相关的技术在当前的绿色建筑知识表述中称为"主动式技术"。

与动力方式相对的是人们在建造房屋时，根据所处环境的气候特点，采用合理的形式和构造方法，保蓄所需的能量，排除多余的热。这种调节环境的建造方式曾经是建筑学发展最具自主性的力量之一，促成了世界各地体现气候理性的建筑形式特征的产生，是形式能量法则的直接例证。建筑作为能量的构形，以自身的形态构成，在不耗能的情况下调节内外环境，满足居住的舒适度要求。相关的设计策略和构造技术在当前的绿色建筑知识表述中称为"被动式技术"。

工业革命以前，由于开采和转化能源的能力有限，人们主要依靠建造方式调节环境，动力方式的采用较为有限。各地建筑的建构系统呈现出丰富的气候适应智慧。19 世纪的科技进步带来席卷各个领域的技术革新，1902 年威利斯·开利（Willis Carrier）发明了第一台空调。在随后的几十年里，利用某种媒介产生人工热能调节空气温度、采用机械动力代替空气自身动力实现空气流通的空调技术迅猛发展，在建筑领域被广泛采用。

暖通空调技术（HVAC）显然是调节环境更为直接有效的方式，然而它需要消耗大量的能源。到 20 世纪 60 年代，当我们突然面对环境问题和能源危机时，却发现这样的事实，全社会的能源消耗大约有 40% 来自于各类民用建筑，它们也为岌岌可危的地球环境贡献了将近一半的温室气体。

与此同时，20 世纪的建筑几乎放弃了以房屋构形调节气候环境的技术策略和设计方法，建筑形式与气候的逻辑关联变得日趋薄弱，世界各地的建筑丧失了适应气候的敏感性和调节力，建筑学也离弃了学科发展曾经拥有的一个基本驱动力。

20 世纪后半叶建筑领域出现的一系列新概念和技术变革，诸如"生态建筑"、"绿色建筑"、"节能建筑"、"可持续发展的建成环境"都是应对日益突出的环境危机。然而，由于建筑学在环境调节和能源利用方面的孱弱无力，这些技术变革基本都是由暖通空调专业和机电专业主导。绿色建筑以抽象和均质的数值指标为评价标准，设计的工具和方法存在着沦为对性能模拟分析消极解答的危险，某些贴有绿色建筑标识的项目只是各种节能设备的展示性堆砌。曾经如此丰富和深厚的建筑学在面对地球气候变化和能源危机的今天正在丧失学科的自主性，走向异化。

在"可持续发展"成为 21 世纪人类的共同议程，"绿色"列入国家建设方针的关键词时，我们呼唤"绿色建筑"回归建筑学的自主性主体。舒适与能量不只是机电专业的抽象数值指标，而是身体的综合感知与建筑形式生成的内在法则；重新激活建筑形态与建构体系在地域气候环境与资源组成中的敏感性、适应性与可调节性，以建筑构形调适气候与身体之间的平衡；在形式能量法则的认识基础上，发展通过建筑空间形态实现能量合理获取、输送与转化的策略与方法，建立起房屋建筑与地区资源总体之间的平衡。

与此同时，建筑教育也需要一个大改变。建筑不是孤立的空间系统，也不是抽象的审美对象，它从来就是环境的组成部分。空间、形体、材料与构造应该归置到与环境的相互关系中去考量。绿色建筑不是一种特殊的建筑类型，在教学中也不应作为一个专门化的方向，或增加几组性能模拟分析数值。回归学科本体的绿色建筑教学，不仅要建立关于资源、环境与建筑能量系统的正确认识观，更为重要的是，要探究作为能量与气候调节结构的建筑设计的方法与策略。

东南大学建筑学院的绿色建筑设计教学

从 2010 年开始，东南大学建筑学院在建筑学本科设计课程教学中，系统性地加入了一条贯穿一年级到五年级的绿色设计教学线索，对应于原有框架内各阶段的教学重点和训练内容，模块化、进阶式地插入可持续性空间环境设计的教学要点。

绿色建筑设计教学的认识和方法基础是"空间调节"理论的研究。相对于建筑环境与能源应用专业的"空气调节"（Air-conditioning），"空间调节"（Space-conditioning）是回归空间范式的环境调节，即在建筑设计中通过有效的空间组织、合理的体型和构造设计，以空间本身的形态和组织状态实现对室内外环境舒适度、能耗与碳排放的性能化调控。"空间调节"是一种以空间和形态设计为先导的，统筹各专业目标、方法和流程，以不耗能或少耗能的方式实现环境调节的被动式建筑设计理念，其设计策略包括适应性体型、低能耗空间、交互性表皮、性能化构造等。"空间调节"全方位体现在建筑设计的各个环节中，包括总平面设计、体型的选择和确定、空间组织、表皮和构造的性能化设计，以及自然通风、天然采光、复合建筑绿化等技术策略。

绿色建筑设计的教学体系包括知识传授与设计训练两个方面。知识传授包括建筑环境意识与可持续发展价值观的树立，以及绿色建筑理念与知识体系的讲授与研讨（图 0-2）。设计训练是依托东南大学建筑设计教学原有的"宽基础、强中干、拓前沿"教学框架，在各年级的设计教学中，与课题内容相适配，进阶式地融入绿色建筑空间调节的教学要点与设计方法训练（图 0-3 ～图 0-5）。

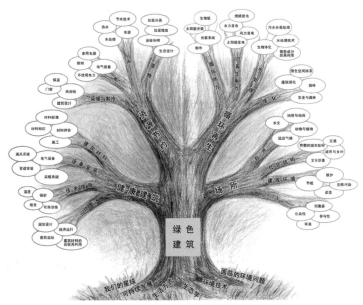

图 0-2 绿色建筑知识体系

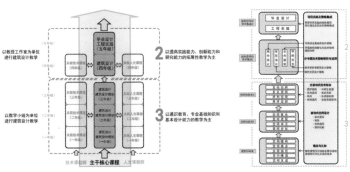

图 0-3 东南大学本科建筑设计教学框架

图 0-4 融入本科教学框架的绿色建筑设计教学要点

	一年级	二年级	三年级	四年级	五年级
设计教学原有框架	建筑与环境 空间生成 空间组织 空间建构 设计建造	空间与技术 空间分化 空间单元 空间进程 空间复合	空间与技术 积序空间 序列空间 多义空间 互动空间	城市环境与复杂空间 城市设计 住居设计 大型公建 学科交叉	工程实践与毕业设计 城乡环境 系统化设计 技术集成 建造实践
绿色建筑设计专题内容	可持续发展 建筑、资源与环境 围护结构 建筑材料	形体布局 地形适配 自然通风 采光遮阳	资源利用 性能导向 设备系统 主动式技术	可持续性城市 绿色住区 性能模拟分析 专题化技术设计	建筑设计的系统化 技术应用的集成化 设计建造的纵度性 技术策略的实效性
	概念与认识	被动式设计	性能化设计	数值模拟与系统综合	集成化与实践性

图 0-5 本科绿色建筑设计教学体系框图

一年级教学的首要目标是树立正确的建筑环境意识与可持续发展观念，讲授绿色建筑的基本知识与概念，如自然环境的组成要素、建筑室内外物理环境的区别、建筑环境的能源和物质流动、围护结构的性能以及可再生材料、建筑物全寿命周期等内容，并在设计课题中尝试讨论环境要素与内外空间的关系，在实体搭建课题中认识绿色建材。

二年级的教学重点是被动式节能设计策略。结合各课题教学内容，针对性地融入关于形体组织、自然通风、天然采光、围护结构性能与遮阳、地形利用等教学内容，进行相应的设计方法训练。

三年级的教学中引入了设备系统和设备空间，有关绿色建筑设计的内容也着重于主被动技术的结合，如机械通风辅助自然通风、与景观环境结合的水处理与循环系统、太阳能建筑一体化等。课程设计中局部开始尝试性能模拟分析，理解其与形态生成的交互关系。

四年级与五年级的教学结构由前三年级横向垒叠的进阶式水平结构转变为方向引领的并行式纵向结构。绿色建筑设计教学结合教授工作室模式分专题深入探讨设计策略，强调项目设计的整体性与技术运用的综合性；系统引入性能模拟分析，要求定性认识与定量分析结合，充分运用数值分析驱动、影响和修正建筑形态生成。作为整个本科阶段学习的集成化和实践性总结，毕业设计要求完成包含从整体环境到建筑构造的全面和纵深的设计研究，并具有可实施性。

东南大学建筑学院的绿色建筑设计教学，是在本科建筑设计课程原有教学框架的基础上，应对当前问题与时代需求，开展的教案研究与教学方法探索，具有体系化、进阶式和强调实践性的特点。本书选录了各年级教学中代表性的教案和成果，与读者分享，希望得到批评与指正。

八年来的实践表明，绿色建筑设计教学从个体自发的实验转向体系化、整体性的推进，取得了初步的成效。更为重要的是，它促发了一个传统深厚的学科如何以自身的学科动力应对环境资源危机的自主性思考，也孕育着建筑教育发展新的生机。

2017 年 8 月于良渚随园嘉树

参考文献

[1]. 张彤 . 大改变，小起步 [J]. 中国建筑教育，2011（总第 4 册）:5-6.

[2]. 鲍莉 . 绿色：回归设计——东南大学建筑学院绿色建筑设计教学探索 [J]. 中国建筑教育，2011（总第 4 册）:7-9.

[3]. 张彤 . Space Conditioning 建筑师的"空调"策略 [J].DomusChina，2010（07/08）:100-104.

[4]. 张彤 . 空间调节：中国普天信息产业上海工业园智能生态科研楼的被动式节能建筑设计 [J]. 生态城市与绿色建筑，2010（春季刊）:82-93.

一年级

建筑与环境

1.1 概述

绿色建筑是近年来建筑设计领域的重要发展方向之一。一年级就开始进行绿色设计教学，主要目的在于引起新生对该领域的学习兴趣；绿色设计与建筑设计从来就是不可分割的，两者相伴而生，传统设计中亦隐含着众多绿色设计的因素。

空间问题是东南大学一年级建筑设计教学的主线，建筑设计初步的教学目标是体验、空间、认知，掌握基本的空间生成和操作方法，并运用于简单的建筑设计中。与之相对应，一年级绿色建筑设计教学的目标是帮助学生建立起对于绿色建筑的基本价值体系和认知框架，了解基本的绿色设计知识，并运用于建筑设计中。

一年级的绿色建筑设计课程主要包含两部分：一是与可持续发展相关的基本知识，二是绿色建筑设计的主要内容。前者包括自然生态的系统及其组成、全球面临的环境问题、可持续性概念、可持续性设计的内容等。后者包括建筑物的能耗构成、建筑节能策略、建筑材料的再生与循环、水资源的利用方式、建筑的维护使用等内容。主要任务是使学生建立可持续发展的基本概念，树立可持续的建筑设计观念。

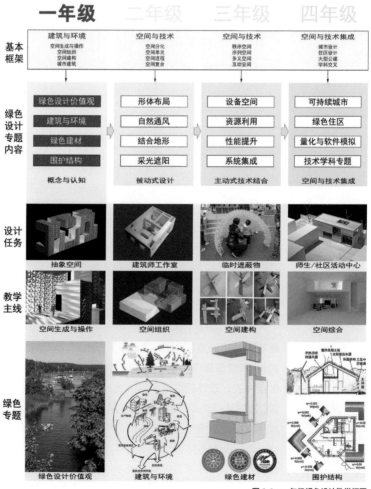

图 1-1　一年级绿色设计教学框图

1.2 教学重点

课程的教学目标：1. 主要目的在于引起新生对该领域的学习兴趣，使学生建立绿色建筑设计的基本概念，并应用于具体的建筑设计中。2. 使学生树立符合时代特征的绿色建筑设计价值观。3. 作为高年级绿色建筑设计课程的基础，建立与绿色建筑设计内容相关的知识体系框架。4. 帮助学生了解国内外最新的绿色建筑设计理念及动态，培养绿色建筑设计的自主学习能力和实践能力。

结合环境设计学习可持续建筑环境的绿色价值观，了解自然生态中的基本要素——阳光、空气、通风、雨水和植被；结合建筑师工作室设计学习建筑与自然环境相互影响的概念；结合遮蔽物设计学习绿色材料的概念；结合师生社区活动中心设计学习建筑围护结构保温、隔热、采光、遮阳的概念。

1.2.1 可持续建筑的绿色价值观

工业革命以前，人类采用原生态的耕作生产方式，基本不存在环境问题。工业革命后伴随着化石能源的大量使用，有毒化学物质大量排放，地球的环境问题日渐引起各界的关注。改革开放以来，我国经济飞速发展，伴随而来的环境问题也日益严峻，其负面影响从个别地区发展到整个国家，以及我们生活的每个角落（图1-2）。

图 1-2　2013 年冬季中国东部地区被严重雾霾笼罩

建筑及相关行业消耗了大量的材料和能源，同时造成大量的碳排放，是节能减排的重要领域。1992 年，中国建筑耗能占全社会耗能的 15%，2000 年提高到 27%，到 2020 年预计增加到 40%。不仅建筑的建设会产生碳排放，建筑的使用和维护也需要继续消耗能源。从全寿命周期角度来看，建筑运行期间消耗的能源更是超过了建筑材料生产和建造消耗的能源。减少建筑的碳排放量，对于减轻气候变化的压力有重要意义。

建立绿色的建筑价值观是可持续建筑的基础，只有在可持续发展价值观的指导下，才能把绿色设计变为自觉行为，因此这也是整个绿色建筑设计教学的基础。绿色建筑价值观的教授主要包括以下四个方面：

（1）整体系统的观念。建筑是环境的组成部分，每座建筑都不是孤立的，建筑本身是个小系统，而它和道路、绿化、管线等又构成更大的系统。传统上的建筑师不仅是建筑设计者，也是工程项目的总协调人，随着专业技术的分工越来越细，室外景观和室内装饰等专业都从建筑设计中独立出来，建筑结构、各种建筑设备、智能控制都分化为独立专业，甚至建筑幕墙也有专业公司提供设计。许多建筑师越来越把自己的工作范围收缩到基本的建筑土建工程。现在绿色建筑的设计要求我们重新找回传统建筑师的角色，建筑设计不仅仅是设计空间，还需要协调控制室外场地景观、暖通水电设备以及室内装饰。绿色建筑不仅是建筑小系统的问题，更是建筑与周遭环境构成的大系统问题。建筑师基于其在项目中的角色，责无旁贷应该担负起系统协调的职责。这要求建筑师不能把眼光局限在本专业，而要具有更宽广的视野。建筑师对各种建筑相关专业都应有所了解，了解系统运转的基本原理，不同系统在空间上的分布和需要，在此基础上才有可能合理安排诸系统，协同一致，实现真正的可持续发展。

（2）资源节约的观念。建筑的首要目的是满足人们使用，作为个体的人可以铺张浪费，但地球的资源是有限的，节约资源不仅是为了降低建设成本，也是为了我们的生态环境，减轻由于工程建设而造成的环境压力（图1-3）。具体可分为节地、节能、节水和节材。

图 1-3 1979~2010 年间深圳和香港地区的卫星照片（在深圳从一片绿色变为几乎全被灰色混凝土覆盖的同时香港的建设区几乎没有发生变化）

建筑及建筑的相关行业消耗了约 30% 的能源，尤其在城市，建筑是主要的耗能单位，每到夏季和冬季用电量大增，就是因为建筑采暖和制冷的能耗。通过合理的建筑设计，提高围护结构的热工性能，提高空调系统的效率，就可以降低建筑能耗。由于建筑数量巨大，如果能把单幢建筑的能耗降低很小的数量，就能产生很大的节能总量。

（3）环境友好的观念。现代建筑往往也是工业产品，各种建筑材料都是现代工业的产物，它们都或多或少的存在着环境影响，长期下来也会危害人体健康。因此尽量选择环境友好的材料，是绿色建筑的基本要求之一。

光选择环境友好的材料是不够的，即使选择了环保型材料，最终结果还取决于这些材料构造方式，以及材料被置于建筑中的哪个位置。有些材料不宜同时使用，比如有些胶不适应潮湿的混凝土，如果不仔细考虑水汽的排出通道，就会产生潮湿破坏现象。不恰当的构造会造成受潮发霉、能耗增加、漏水漏电、产生有害气体、材料寿命缩短等问题，进而造成土壤污染、水污染、空气污染、电磁污染等一系列不良后果。

（4）适宜技术的观念。绿色建筑的实现离不开技术的发展，但绿色建筑不等于技术集成。在绿色建筑概念刚开始兴起的 21 世纪初，所谓的示范性绿色建筑在各地如雨后春笋般涌现，不可否认这些示范楼对于新技术的推广起到了一定的宣传示范作用，但这些技术在具体建筑中的使用则困难重重。

任何技术都有其适用范围，在实际建筑工程项目中，最适宜的技术往往不是那些尖端的高技术，而是简单实用的低技术。因为技术越是复杂，产生问题的概率也越大。建筑需要长期在较为恶劣条件下工作，经受风吹日晒雨淋，复杂的技术往往经不起这种考验，需要良好的维护保养措施，经常需要维护更换配件，而一旦维护措施跟不上，最终无法工作，效果不如人意。

因此在绿色建筑的设计中，不能片面追求采用高、新技术，而要根据项目的具体条件，因地制宜的选择适宜技术，才能达到最优的综合效果。

1.2.2 设计结合自然

建筑是相对长期稳定的构筑物，它需要依附于土地。建筑一旦建成，自身也成为环境的组成部分，参与周围生态系统中物质和能量的循环，会强烈地影响和改变所在地的环境。建筑对环境的影响具体体现在对水环境、热环境、风环境、光环境等自然环境的影响。

设计结合自然是建筑设计的基本原则之一。建筑总要建在某个具体的场地上，每座建筑设计之初，建筑师都要踏勘场地，对场地的主要物质环境要素，包括日照、水、风和植被等进行分析。

1. 日照

日照是重要的建筑条件。太阳带给地球能量、温暖、光亮和最宝贵的生命。地球是一台巨大的大气发动机，而太阳为其提供了能量，推动空气、水和热量在地球表面运行，形成了各种不同的气候条件和自然环境。

通常建筑照明主要来自于日光，人工照明光谱不完整，显色性差。科学实验证实太阳光对人体健康具有不可替代的重要性，长期缺乏阳光照射会出现钙流失、内分泌失调、抑郁等症状。同时太阳还能提供热辐射，可以节约冬季建筑的采暖需要。在建筑中要充分利用天然日照。

与此同时，强烈的直射光会造成眩光，紫外线会加速室内装饰材料如地板、家具等的老化，过高的辐射会加热建筑，造成空调能耗上升，因此在炎热气候条件下也要避免过强的日照和辐射。建筑应避免阳光透过玻璃直射进室内，这样可以降低室内热负荷。所有外窗应该采取遮阳措施，以阻挡直射阳光，通过采用不直对阳光的窗、挑出屋顶遮蔽窗户或通过遮阳帘过滤进入的日光等方法实现自然采光。

了解太阳的运行规律是利用日照的基础。我们一般通过棒影图来表示某地的太阳运行轨迹（图1-4）。通过棒影图我们可以发现北半球地区太阳的运动规律：

春秋分日：太阳从正东方升起，在正西方落入地平线下。

从春分到秋分的夏半年内：太阳从东偏北方升起，在西偏北方落入地平线下。

从秋分到春分的冬半年内：太阳从东偏南方升起，在西偏南方落入地平线下，越接近冬至日，日出日落的方位越偏南。

我们可以通过太阳高度角和方位角来描述某一时刻太阳的位置。

通过了解太阳的运行规律，我们就可以利用计算机软件计算出某日（一般取日照条件较为不利的冬至日或大寒日作为计算时段）的场地日照情况，从而对建筑体型对场地的日照影响做出判断（图1-5）。

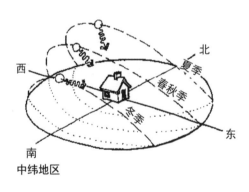

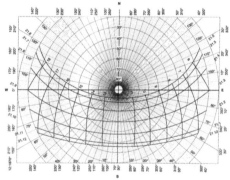

图1-4 描述太阳运行规律的棒影图

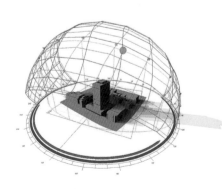

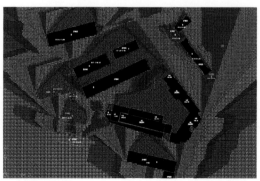

图1-5 计算机模拟日照分析

如图 1-6 可以得出结论，在中国大部分地区南向是最佳朝向，朝南的窗户通过少量水平遮阳就可以做到遮挡夏季直射阳光，同时又不影响冬季的日照。

2. 水

水是生命之源，水对人类的重要性毋庸多言，世界上的主要文明都是发源于大江大河流域，但与此同时水可载舟亦可覆舟，又有很多文明是被洪水摧残毁灭的。雨、雪、霜、水汽都是水的存在形式，建筑物应能庇护人们免受自然界中水的侵袭。

建筑的设计要有利于旱季保水，雨季排水。建筑本身是不透水的，因此应提高建筑场地地面的透水性。通过场地地形处理形成自然的蓄水区域，不要阻挡泄洪通道（图 1-7）。

建筑是不透水的实体，每座建筑建成后都会阻断雨水向土壤的渗透，当城市中大量建筑成片建成后，对一个地区的水环境会产生极大的影响。由于建筑物表面为光滑实面，缺乏孔洞，难以吸附湿气和灰尘，因此城市空气相对于森林地区扬尘严重。降雨时大部分雨水从建筑的屋面沿雨水管最后汇集到市政管网排出城市，当降水量特别大超出了市政管道的排水能力时，就会造成城市内涝。

3. 风

空气的流动形成风，适量的通风可以带走多余的热量，保持空气新鲜。是维持人体舒适的重要条件。而风过强不仅会造成人体的不适，更可能成为巨大的破坏性灾难。

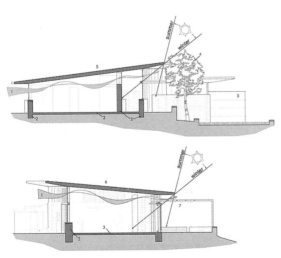

图 1-6　通过出檐解决夏季遮阳和冬季日照的问题

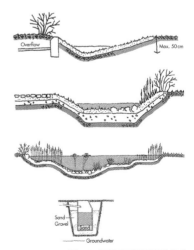

图 1-7　几种不同的场地蓄水方式

风玫瑰图可以用来简单描述某一地区风向风速分布（图1-8）。在风玫瑰图的极坐标系上，每一部分的长度表示该风向出现的频率，最长的部分表示该风向出现的频率最高。

通常寒冷的冬季风对建筑是不利的，而夏季风有利于散热。通过建筑的合理排布，可以阻挡冬季风，引导夏季风进入城市（图1-9）。

现代建筑的规模尺度越来越大（图1-10），林立的摩天楼严重影响着的周边空气的流速和方向，一方面会阻挡迎风面的空气流动，形成正压，另一方面又会在背风面形成负压，正负压差会造成气流快速流动，形成所谓的高楼风。高楼风强度和风向都不规则，忽大忽小，轻则对市民活动造成困扰，严重的甚至产生人身伤害。

4. 光

城市大面积采用玻璃幕墙和金属幕墙的建筑随处可见，由此造成了普遍的光污染问题。当太阳光照射到幕墙表面上时，由于玻璃和金属材料的镜

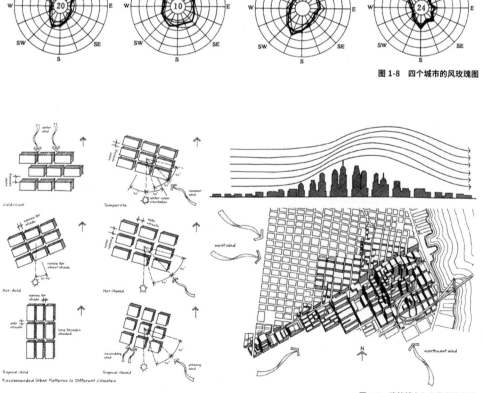

图 1-8　四个城市的风玫瑰图

图 1-9　建筑排布与主导风的关系

面反射效应而产生反射眩光，反射光如果射到行驶中的汽车，会影响驾驶者的视线，危害交通安全。建在居民小区附近的玻璃幕墙，会对周围的建筑形成反光。镜面建筑物玻璃的反射光由于建筑外形的不规则性，甚至有可能比阳光照射更强烈（图 1-11）。夏季阳光被反射到房间，强烈的眩光会造成视觉的不适，也会使室温升高。长时间在高光亮污染环境下工作和生活的人，容易导致视力下降，产生头昏目眩及情绪低落等类似神经衰弱的症状，使人的正常生理及心理发生变化，长期下去会诱发某些疾病。

5. 绿化

绿化是指树林、路旁树木、农作物以及住区内的各种植物等。绿化可改善环境卫生并在维持生态平衡方面起多种作用。绿化的益处很多：改善微气候、隔离噪声、降低建筑能耗、改善景观、保护物种多样性。通过合理分布绿地可以提高均好性，在不减少建设量的同时对环境的不利影响也降到较小（图 1-12）。

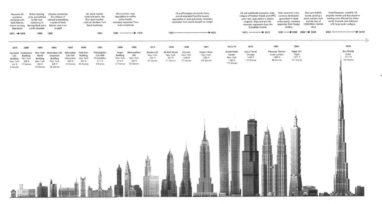

图 1-10　摩天大楼发展史，高度越来越高，规模越来越大

图 1-11　伦敦对讲机大楼的弧形玻璃幕墙造成强烈的炫光

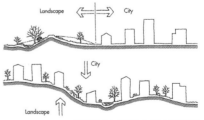

图 1-12　通过将绿地嵌入建设区可以提高环境质量

1.2.3 绿色建材

　　人类的生存和福利可能依赖于我们是否能够成功地将可持续发展原则转变为普遍的自觉行为，即"全球化视野"和"在地化行动"。建筑跟其他艺术形式一个显著的不同之处是它不仅是抽象的图纸或模型，而且需要进行实际的建造。我们要建一个建筑，首先要准备好建筑所需的材料，如砖、混凝土、水泥、黄沙、木材等等，然后组织人工和设备，耗费一定的能源，按照一定的施工程序将建筑材料组合成完整的建筑。有的组合过程比较简单，例如用螺栓将构件连接，短时间就可以完成；有的组合过程则较为复杂，例如浇筑混凝土结构，需要准备模板、浇筑、养护等一系列连续不断的过程，任何一个环节出错都会产生问题，甚至导致整个工程的失败。正是由于现实因素的制约，导致建筑设计不可能天马行空、随心所欲，它必须遵循材料结构力学的物理规律。了解材料及其相应的建造特性则成为建筑师的基本素养。

1. 天然材料的复兴

　　气候地理条件影响着建筑材料及相应的结构构造做法，古代交通运输不发达，建筑需要就地取材，大部分建筑材料均产自当地，在千百年来人类文明的进化过程中，人们已经积累了一整套适合当地气候条件的结构形式和构造做法，这就使得地方材料自带地方文化属性。每个地方都会形成适合于当地条件的建筑文化，这在当今全球化的背景下尤为宝贵。例如竹子，盛产于东亚热带、亚热带地区，相对于普通木材生长周期短，抗拉强度高，弹性好，在传统民居中曾经大量使用。由于它断面尺寸较小，一致性低，不便于实现规格化标准化，在和木材的竞争中渐渐被淘汰了，在现代建筑中的运用稀少。如果在现代建筑中采用竹子，则自然而然会产生对传统文化的联想（图 1-13）。随着生态环保和地方文化理念的复兴，竹材的优点重获重视，在现代建筑中获得了新生（图 1-14）。

　　通过采用地方材料不仅可以保护当地的建筑文化，同时也是减少交通运输碳排放的重要手段。今天人类交通运输手段发达，理论上可以在全世界范围内选择建筑材料，有时候业主或设计师为了追求异域风情的效果，特意舍近求远选择遥远地区出产的材料，这种做法无疑会大幅增加材料的运输能耗，与可持续发展理念是相违背的，同时也存在另一种风险，即非本土的建筑材料不适应当地的气候条件。

　　现代材料同样也在发展进步，可循环可再生材料的使用日益普遍。这些材料往往取自天然材料，强度比人工合成材料低，因此就更需要合理的结构以充分发挥其力学特性。例如纸，纤维抗拉强度大，但质地柔软，不耐硬物的摩擦或穿刺，一旦出现破损强度就会大幅度降低。鉴于纸的这一特性，我们可以采用增加纸张厚度、多片纸折叠或卷曲成筒等方式来应对问题，提高结构的整体强度（图 1-15）。

图 1-13　松江方塔园何陋轩
冯纪忠设计

图 1-14　位于越南河内的抗洪竹屋

图 1-15　采用纸筒作为主结构材料的汉诺威世界博览会日本馆
坂茂设计、平井広行摄影

2. 材料搭建

　　建造是建筑工程的重要环节，是通过真实建筑材料的加工和操作，使建筑设计方案得以实现的过程。建造逻辑和要求本身是影响设计的重要因素，材料自身特性及建造文化将影响结构形式及构造逻辑，并最终影响建筑的空间效果。结合绿色建筑设计知识的学习，我们可以了解材料利用中的 3R 策略，即减少材料使用（Reduce）、可循环利用材料（Recycle）及废弃材料再利用（Reuse），体验建筑在"材料——建造——使用——拆除——再利用"这一全寿命周期（LAC）过程中的建筑设计策略。

　　尽管不同的建造方法千差万别，建造大体上可分为湿作业和干作业两类。湿作业的特点是施工完成后需要经过一段时间的干燥才能形成强度，因此工期长、质量控制困难；而干作业则是通过螺栓、钉子、焊接等方式将建筑构件组合起来，不存在干燥时间的问题，因此工期短、质量控制好。湿作业曾经是建筑领域主流的施工作业方式，例如混凝土浇筑、墙体砌筑、防水层铺设、抹灰饰面等，大多采用湿作业。湿作业建造的建筑整体性好，强度高，但是也造成材料无法循环使用，拆除困难。随着建筑产业的发展和绿色施工理念的推广，干作业的优势逐渐凸显，以前外墙石材饰面常用水泥砂浆粘贴，而现在多采用干挂幕墙的方式。我们可以合理推测，未来绝大部分建筑会以干作业为主要的建造方法（图1-16）。

图1-16　拉·土雷特修道院混凝土浇筑施工现场（左）和钢结构施工现场（右）

1.2.4 围护结构

1. 气候边界

建筑是环境的组成部分，也是环境的"过滤器"。建筑之于自然气候就像皮肤和衣物之于人的身体，建筑与衣物在功用上并没有本质区别，都是人体与自然气候之间的中介物，它们构建了人与自然环境之间的气候梯度（注：气候梯度即气候差异的层次性）。

气候梯度的形成有赖于建筑的气候边界。气候边界可以理解为用于分割建筑内部人工气候环境和外部自然气候环境之间连续、完整的边界系统。气候边界的作用使室内和室外自然环境有所区别，实现对自然气候环境的调节，在维持建筑室内温度、湿度等物理环境的同时，保证建筑内部空间的安全性和卫生性。如在夏季室外炎热的环境中仍然能通过气候边界的分隔和空气调节设备保持室内温度、湿度的舒适性，而在冬季严寒的室外环境中，通过气候边界的隔绝和采暖设备的调节保持室内温度、湿度等气候环境的舒适性。

气候边界可以由各种各样不同材料组成。从建筑的空间特性而言，材料的透明性与非透明性对空间的影响十分显著。作为建筑室内外空间分隔的界限，非透明材料（如混凝土、砖、石等）对室外环境中的光线、视线、景观都不能透过，形成了内外空间视线上的隔绝，同时亦形成内外气候环境的阻隔；半透明材料（如磨砂玻璃、玻璃加百叶等复合材料）可以部分隔绝光线和视线，但不能形成内外空间视线上的完全阻隔，在气候环境的阻隔上介于透明与非透明材料之间；透明材料（如玻璃）可以形成室内外

图1-17 建筑之于气候像皮肤之于人体
（图片来源：应变建筑——大陆性气候的生态策略）吕爱氏.上海：同济大学出版社，2003：P84）

空间在气候环境上的阻隔，但在视线、光线、景观方面却能达到室内外空间的融合，因此可以通过内外界面的组合对室外光线、景观、视线及气候环境进行选择性的透过，这体现了建筑设计在建构层面的意义。

另一方面，界面材料所具有的保温、隔热、孔隙率等物理特性对建筑室内、外气候环境的影响也非常显著。当室内外环境存在温度差的时候，不论界面多么厚实，实质上仍然存在内外环境间温度交换和气候梯度；同样，当外部环境中的风、雨等自然气候环境改变时，风或者空气仍然能通过界面或者界面连接的缝隙进行渗透。

因此，对建筑气候边界的关注成为设计中需要考虑的重要因素，依据界面的材料特性及所处的位置，我们将界面材料分为墙体保温材料（不透明材料）、门窗（主要是玻璃）、屋顶（屋顶绿化及蓄水屋面）等。

2. 外墙围护

建筑外围护结构的材料组成主要有砖（黏土砖、烧结砖、空心砖等）、加气混凝土砌块、复合的外墙材料、金属材料等。从功能上考虑，外围护结构材料需要满足：防水（阻止外界雨水的渗入）、保温（冬季减少室内热环境向室外的传导）、隔热（夏季减少室外热环境向室内的传导）、连接内饰面（外围护材料可以直接形成建筑内部空间的装饰面、有时为了美观和防止虫害侵袭，会增加一层内部装饰材料）的作用，同时具有一定的强度和稳定性，满足使用安全的要求，外墙材料的选择须同时考虑上述要求。

在满足上述围护结构材料功能要求的条件下，外围护结构材料可分为单一材料和复合材料。单一材料如混凝土等，自身就可以满足防水、保温、隔热、作为装饰面层的作用；复合材料是指由几种不同材料组合满足外墙围护要求，材料组合方式通常为层叠式，从内到外一般为内饰面——隔气层——保温层——防水层——外饰面，根据组成材料性质不同，相互间顺序有少许调整，也可增加或减少某些层次（图1-18）。

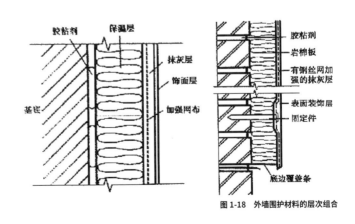

图1-18 外墙围护材料的层次组合

3. 墙体的传热系数

从建筑节能角度考虑，我国北方地区（如北京、天津、哈尔滨、沈阳等）应尽可能减少冬季室内温度向室外传导，加强建筑保温性能。对冬冷夏热地区如我国长江中下游地区（如重庆、武汉、南京、上海、杭州等），夏季应尽可能减少室外热环境向室内的渗透、冬季应尽可能减少室内热环境向室外的渗透；我国南方地区（如广州、深圳、中山等）应尽可能减少夏季室外温度向室内的传导并加强室内通风。为了说明外墙材料对室内外温度环境传导变化的影响，我们引入了传热系数的概念。传热系数斜值，是指在稳定传热条件下，围护结构两侧空气温差为1度（K，℃），1s内通过$1m^2$面积传递的热量。传热系数的单位是瓦/（平方米·度）W/（㎡·K）。作为室内外分隔界面重要组成部分的外墙材料的传热系数是指由各分层材料导热系数及材料厚度形成的总传热系数，它反映了室内外温度传递的情况。节能建筑的外墙保温性能取决于墙体的厚度和材料的传热特性。

4. 门窗及玻璃的选择透过性

（1）门、窗在建筑中的作用

从室内外气候环境而言，门和窗是室内外气候交换的主要途径。从建筑设计角度而言"窗"（包括洞口）的主要作用有七种，视线的通道、景观的通道、风的通道、光的通道、热量的通道、人的通道，因此，窗实际是"人与光、与风、与热、与人对话"的场所。在绿色建筑设计中，我们更加关注窗作为与热（光）交换、与风交换的通道，而窗作为光、视线、与景观通道的作用则是建筑空间设计中考虑的重要因素。门与窗的作用相似，只是门作为人流通道的作用更加突出，门和洞口在内部空间中对物理气候环境的影响并不显著，但是室内空间中的门亦是分割、调节室内不同气候区域的通道。从建筑管理及安全角度考虑，外门作为室内、外空间分隔的界面，其使用数量不宜过多。

（2）玻璃的选择透过性

作为窗户制作主要材料的玻璃具有非常丰富的物理特性，玻璃材料的不同应用方式对建筑空间的影响也显而易见。玻璃的透明性使玻璃具有室内外空间渗透的良好景观、视线特性，同时又能形成室内外气候环境的阻隔。中世纪教堂建筑采用的彩色玻璃窗为室内空间带来了丰富的感受，现代建筑中人们对玻璃材料的偏爱有时甚至达到了偏执的地步。

如果将室内、外空间环境的质地差异区分为热量、气流、光线、视线、声音、气味、氛围等方面，界面就是区隔内外环境并进行调节的重要手段。玻璃是一种最常见的选择透过性界面，它透过了光线却阻隔了气流和热流。这种选择透过性作用对建筑内部空间环境的改变是空前的。为了透光而隔断视线，我们可以利用磨砂玻璃；为了单向阻隔光线和视线，人们发明了反射玻璃；为了透光而隔断声音，空心玻璃砌块出现了；玻璃和百叶的组合，透光的同时又阻断了视线和直射光；与窗帘的结合，又可以限制热量和声音的穿越。凡此种种，玻璃作为一种选择透过性界面，为实现复杂的界面调节功能提供了可能，为空间环境的创造提供了可控的调节手段。

5. 窗的气密性及其连接构造

一般来说，在围护结构中外门窗的传热系数比外墙传热系数大。因此，改善玻璃的绝热性能是节能的重点，主要途径是增加窗户的气密性，提高窗框的保温性能及改善玻璃的保温性能。

（1）窗、墙面积比的要求

绿色建筑对窗、墙面积比的要求是一个综合问题，一要考虑窗户的大小对直接集热的影响；二要考虑窗户既是得热构件，又是耗能的主要环节；三要考虑窗间墙的大小、位置给墙体集热蓄热带来的影响。在绿色建筑中，居住建筑南向窗墙面积比一般在 40% 左右，比节能建筑标准的要求略有提高；学校建筑中考虑到早晨希望室内升温快，南向窗墙面积比在 50% 左右，对其他朝向的窗户，应在满足房间光环境的要求下，适当减少开窗面积并采取措施降低窗户的传热系数、减少空气渗透量。

（2）窗的气密性及其连接构造

室内外热环境传导的最薄弱的地方是窗的连接部位。风的渗透是热量传递的主要途径。双层窗的保温绝热性能优越，传热系数比单层窗降低近一半。还有一些新型的节能产品如绝热玻璃、中空玻璃、反热玻璃和绝热窗帘等已经在高层建筑中普遍应用。要增强门窗处的密封性，可使用气密性好的门窗，还可以使用双层或三层玻璃，低辐射玻璃，或活动保温板以减少散热（图 1-19）。

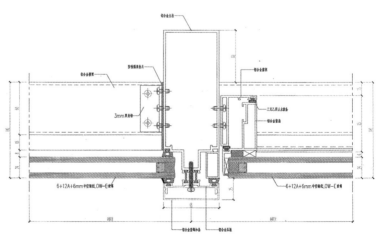

图 1-19　LOW-E 玻璃窗的构造设计

1.3 教学成果

1.3.1 整体教案

建筑设计基础作为建筑学院的专业核心课程，是建筑学、城乡规划、风景园林学、历史遗产保护等各专业方向的大类基础课。其教学目的在于：帮助学生树立符合时代特征的建筑价值观；建立以模型研究为主要工具，以观察、讨论为推动的研究方法；建立建筑类学科（建筑学、城市规划、景观学、历史遗产保护）的知识体系框架。以此帮助学生了解各个专业方向，培养专业兴趣，为未来的专业方向选择和进一步学习提供基础。

以往的建筑教学模式普遍为教师"教"、学生"学"的"传授"过程，这一过程往往被描述为"熏陶"，可以说教学过程以教师为核心。我们目前的建筑设计基础课程则试图建立以学生为核心的教学模式，将学生作为设计研究、发展的主角，将培养学生发现问题、分析问题、解决问题的能力作为首要的教学目标。

教案以建筑设计的三个本质问题——场地和环境（Context）、空间与使用（Use）、材料与建造（Construction）为主线，在学年中共设置了7个大练习：2D-3D—场地—人居空间—空间建造—城市环境—空间组织—空间发展，每个大练习中又包含若干小练习（图1-20）。教学以杆件、板片、盒子空间的操作启动，逐步引入空间概念、人的使用、结构及材料等问题的研究，通过练习的层层深入，使整个设计教学形成连贯体系。7个大练习实际上包含在五个设计题目中：上学期的空间生成、空间操作、工作室设计及下学期实体搭建、社区活动中心设计，每一个练习都将设计向前推进，最终使设计成果达到一定深度。

在一年级整体教学中，我们选择了两个作业作为绿色设计教学的切入点，一是上学期的实体搭建，二是下学期的社区活动中心设计，制定了绿色设计的拓展教学内容（图1-21）。

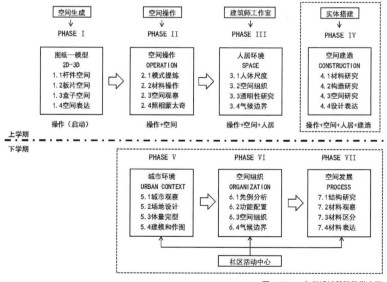

图1-20 一年级设计基础教学大纲

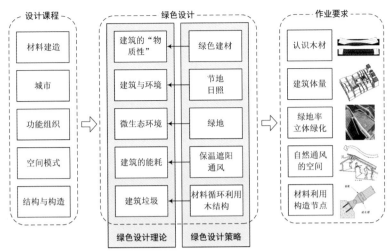

图 1-21　一年级绿色设计内容拓展

1.3.2 典型教案一：材料与建造教学（2013-2014年度）

建造是建筑工程的重要环节，是通过对建筑材料的加工和应用实现建筑设计方案的过程。建造逻辑也是设计需要考量的重要问题，涉及材料、结构、构造、施工等。材料特性往往影响结构形式及构造方式，并最终影响建筑的空间特征。

1. 课题背景

材料与建造课程的目的是通过对真实材料的建造研究空间生成的方式，感知材料、建造和空间的关系。建造是建筑工程的重要环节，是通过真实建筑材料的加工和操作，使建筑设计方案得以实现的过程。建造逻辑和要求本身是影响设计的重要因素，材料自身特性及建造文化将影响结构形式及构造逻辑，并最终影响建筑的空间效果。结合绿色建筑设计知识的传授，在材料与建造课程中我们选择木材作为研究的主要对象，加入了对木材这一可再生材料的认识，目的是使学生了解材料利用中的3R策略，即减少材料使用（Reduce）、可循环利用材料（Recycle）及废弃材料再利用（Reuse），使学生体验建筑在"材料——建摘要造——使用——拆除后再利用"这一全寿命周期（LAC）过程中的建筑设计策略。

2. 目的和要求

从材料出发，通过实验感知材料特性、尝试材料连接的各种可能、归纳材料组合的结构特征和空间潜力、感知设计成果的空间特征，具体要求：

（1）体会建造与设计之间的关系，涉及建造材料、建造手段与所生成空间之间的内在联系。在材料特性与加工可行性中寻找结合点，使设计思考体现建造的逻辑。

（2）综合考虑影响建造的制约因素，包括材料、工具、施工方式、场地、时间、预算以及合作方式、工作程序等。

（3）学习实验在设计中的应用，强调动手操作，通过制作、分析、实验、调整，模拟实际建造过程中的问题并加以解决。

3. 项目场地

东南大学校园内中大院前道路及广场选择任意场地进行实物搭建（图1-22）。

4. 设计任务

（1）研究木材的材料特性（包括且不限于其物理特性及几何特性）及不同尺度的木材所形成的构件特征，设计合理的构造形式。

（2）尝试构件间不同连接方式，思考是否需要辅助构件，研究各种辅助构件的特性，比较组合构件的牢固程度及连接和拆卸的难易。

（3）尝试将不同的构件加以组合，探讨如何充分利用其特性形成悬臂或稳定柱节点，比较生成组合构件体的稳定性和强度，比较不同尺寸构件组合的差别。

（4）选择1至3种构件组合在一起，形成一个组合构件体。要求主要构件不宜超过三种；构件中杆件长度不大于700mm，板片长、宽不大于350mm；连接构件可用螺栓、铁钉等五金件、绳等；构筑物须结构稳定，具有一定刚度，可整体移动。

（5）每人设计一个单一的空间构筑物，内部空间可容纳1人，或蹲或站。使用1~3种材料构件，根据构件组合的逻辑发展出空间构筑物，并有一个投影面积1.2m×1.2m的覆盖面，可以遮风避雨。

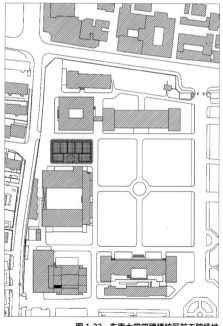

图1-22　东南大学四牌楼校区前工院场地

1）每组 1 ：1 构筑物成果一个，保证内部空间可一人站或蹲，并有一个投影面积 1.2 米 ×1.2 米的覆盖面，可以遮风避雨。

2）个人完成设计图纸一套，A2 版面，图纸应包括：轴测图（1：5），研究过程、最终设计模型照片若干。

3）个人完善各自 1:5 建造模型一个，关键节点 1:1。

5. 参考文献

[1]（瑞士）安德烈 . 德普拉泽斯编 . 建构建筑手册 . 任铮钺等译 . 大连：大连理工大学出版社，2008

[2]（ 瑞 士 ）Herzog，Krippner，Lang. Facade Construction Manual. 巴塞尔：Birkhauser 出版社，2004.

[3] 轻型木构建筑手册 . 加拿大木业，2010.

[4] 刘建荣，翁季 . 建筑构造（第三版）. 北京：中国建筑工业出版社，2005.

[5] 杨维菊 等 . 建筑构造设计（上册）. 北京：中国建筑工业出版社，2005.

6. 教学内容及重点

课程分为四个阶段——材料试验、节点设计、空间模型及空间建造。针对四个阶段的不同内容我们增加了相应绿色建筑设计的要求，如材料试验阶段要求考虑可再生、可循环。及废弃材料再利用，鼓励利用上年级遗留的材料，将上年级作业拆卸后的木料进行再利用；在节点设计阶段，要求采用螺栓、铰链、百叶、榫卯等可反复拆卸组装的连接件进行构件连接方式设计，而不能采用钉子等一次性连接节点；空间模型阶段，要求采用可灵活组装及可拆卸的空间设计，组成空间的构件可方便地安装和拆卸，鼓励构件的标准化和模数化，"构件——空间——构件"是一个可逆的过程；真实空间建造阶段要求建造完成后一定时间内将空间进行拆除，拆卸后的材料可再次利用。同时在教学过程中增加有关绿色建筑材料的小组授课，使学生对材料的认识不仅仅停留在材料表面特性、连接方式及其与空间关系的层面，更应将材料放在建筑生命周期中考虑材料的经济性、持续性、耐久性以及对自然资源消耗的节约上。

7. 课程结构与教案组织

一年级实体建造作业课程结构与教案组织表　　　　　表 1-1

阶段	阶段 1	阶段 2	阶段 3	阶段 4
	材料试验	节点设计	空间模型	空间建造
内容	考察建材市场，收集多种木质材料，研究材料特性（表观特性、结构特性、加工特性等）	尝试不同形状及断面尺寸材料的组合，设计符合材料特性的连接方式及构造节点	在前两阶段研究基础上发展出可容纳一个人进入的空间遮蔽物模型，探讨材料与空间的关系	以真实材料搭建 1:1 的可进入空间，体会实际建造过程、亲身体验空间效果

阶段	阶段 1	阶段 2	阶段 3	阶段 4
	材料试验	节点设计	空间模型	空间建造
增加授课	绿色建筑材料		材料与空间设计	
进度	0.5 周	1 周	2 周	1 周
绿色设计要求	可再生、可循环、及废弃材料再利用	不能采用钉子等固定节点	可灵活组装及灵王活拆卸的空间设计	拆卸后材料可再次利用

8. 作业（黄兴洋、任广为等）

板材种类	价格	尺寸规格	原料	种类	肌理	质感	色彩	特点

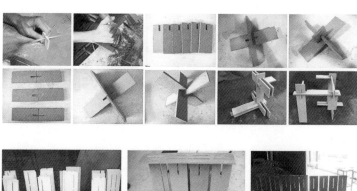

图 1-23　利用可再生材料的实体搭建作业（作者：黄兴洋等）

9. 成果小结

目前我国绿色建筑的重点主要是建筑节能，对于材料问题的重视相对不足。但实际上能耗是比材料要抽象得多的问题，对于一年级的学生来说，从这个相对具象的问题入手，更符合教学的规律。由于题目本身在材料与建造教学中针对木材所提出的要求并不高，许多未参加绿色设计实验小组的同学的设计方案同样可以很好地满足绿色设计要求。事实也证明了这一点，学生大多可以在满足绿色设计要求的前提下实现设计意图，其中不乏精彩的创造性设计。

有意思的是，我们发现通常完成较好的作业都不自觉地与绿色设计要求相吻合。这说明绿色设计并不会成为初学者的枷锁，反而有可能成为推动设计创造特色的重要优势。因此，在今后这一题目的设计中，全面推行绿色设计的要求，对绿色建筑材料相关知识加以拓展，似已顺理成章。

1.3.3 典型教案二：社区活动中心（2013-2014 年度）

1. 课题背景

一年级下学期的课题设置前 4 周还是一个抽象空间的训练，剩下 12 周就是一个完整的建筑设计，相比上学期以概念灌输为主，下学期的教学主要是结合一项完整的建筑设计过程，具体教授绿色建筑设计的要点。通过这一过程的学习，学生应对绿色建筑设计有初步的认知，了解在不同阶段应关注的主要问题，以及可以采用的策略方向，进一步引发学生对绿色设计问题的思考。

2. 教学要求

（1）建筑的本质是空间，就城市、建筑学科而言，空间的研究在地区、城市和建筑物等层面。本阶段的工作便是从城市入手，研究建筑和城市之间的相互关系。城市空间有层次之分，由大到小基本可分为：城市、街区、场所等。本阶段的练习可以简单描述为：在调研城市空间的基础上研究设计场地的环境，通过对建筑的体量操作、外部环境的地面划分、树木的布局，形成新建建筑和周边环境的协调关系、创造有质量的建筑外部环境。

（2）关注人的尺度、行为方式与空间的关系，学习流线、功能、空间的基本组织方法。分析建筑所在的外部环境，从公共私密、采光通风、景观视线、建筑出入口关系等角度调整"泡泡图"中各个功能空间的位置关系，在维持前一阶段建筑体量操作目标的前提下对建筑体量进行相应调整。

（3）研究设计方案的建造方式，以此推进设计深化，理解建筑空间和结构、材料之间的关系，学习基本的建筑结构和构造知识。学习轻型木结构的构造原理，关注空间与结构、界面材料的关系。通过对结构、材料及构造的研究深化设计。

（4）以手工模型为主，计算机为辅提高学生空间构思的能力，并通过素描、拍照等方式培养学生观察和记录空间的工作方法。图纸要求手绘完成。

3. 项目场地

（1）A 地块（师生活动中心）（图 1-24）位于四牌楼校区老东门保卫处旁；
B 地块（社区活动中心）（图 1-25）位于进香河菜场西北角道路拐角处。

（2）在用地范围内建立 3.6m 为单元的网格，依据网格在用地中添加建筑
体量，对用地进行软硬质地面划分，限定出不小于 20 个连续地面方格（硬
质铺地）的室外活动空间。根据基地条件，选择场地入口，合理组织基地
周边及内部交通。

（3）两处基地分处学校内外，在空间特征、周边交通、使用人群、环境景
观等方面有明显差异，分别用于师生活动中心及社区活动中心。

4. 设计任务

A 地块的活动中心为教师服务，B 地块的活动中心则为附近居民服务。

活动中心为木构建筑，须提供以下功能空间：

活动室：20~30m²，两间，考虑棋牌、戏曲、舞蹈、健身等活动。

办公室：15~20m²，两间，为管理、办公用房。

储藏间：6m²，1~2 间。

卫生间：3m² 一间，数量根据具体情况确定。

茶室：30~60m²，提供茶水饮料，是社区居民交流的场所，包含一个 6m²
左右的操作区，为茶室顾客制作饮品。

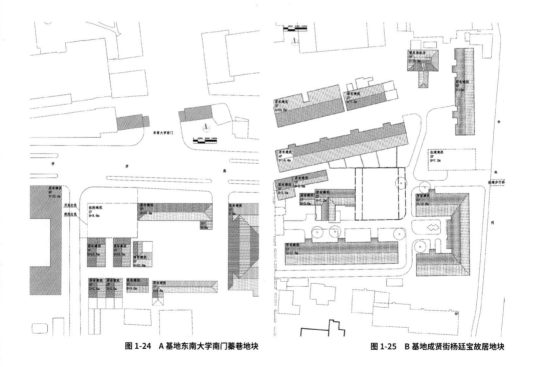

图 1-24 A 基地东南大学南门秦巷地块　　　　图 1-25 B 基地成贤街杨廷宝故居地块

另需考虑提供一定面积的展览区域或墙面，举办小型展览，展示文体活动作品。

建筑层高为 1.2m 的整数倍，楼梯梯段宽度不小于 1.1m。

5. 成果要求

设计方案模型，1:50。

A1 图纸，单色，数量不限（不鼓励将上述图纸拼接形成整体构图），须包含以下内容：

总平面图 1:00；

各层平面、立面、剖面 1:100（可根据需要选择 1:50 比例绘制）剖面不少于 2 个；

手绘或拼贴室外透视图，画面部分 A2 图幅；

室内空间透视图，画面部分大于 A3 图幅；

剖轴测图 1:30；

反映设计思想的分析图若干；

反映设计发展重要过程的模型照片若干。

6. 参考资料

[1]（荷）赫曼·赫兹伯格 . 建筑学教程：设计原理 . 仲德崑 译 . 天津：天津大学出版社，2003.

[2] 程大锦（Francis Dai-Kam Ching）. 建筑：形式、空间和秩序（第三版）. 刘从红（译），邹德侬（审校）. 天津：天津大学出版社，2008.

[3]（日）增田奏 . 住宅设计解剖书 . 赵可 译，海口：南海出版公司，2013.

[4] 彭一刚 . 建筑空间组合论 . 北京：中国建筑工业出版社，2008.

[5]（德）安吉利尔，（德）黑贝尔 . 欧洲顶尖建筑学基础实践教程 . 天津：天津大学出版社，2011.

[6]（美）G·Z·布朗，马克·德凯 . 太阳辐射·风·自然光 . 北京：中国建筑工业出版社，2008.

[7] 张嵩，史永高等 . 建筑设计基础 . 南京：东南大学出版社，2015.

7. 教学内容及重点

建筑设计的课题是社区（或师生）活动中心。题目设定在城市中的一块真实用地，周边被多幢建筑包围。设计过程基本分为三个阶段：首先是从环境出发完成建筑体量，其次是建筑内部空间的组织，最后是建筑材料和构造的实现。作为与建筑设计平行的一条线索，绿色设计课程将为学生提供从应对场地气候到绿色节能建筑设计的一系列策略和方法。同时会结合相应的设计题目，重点要求一到两项具体的绿色设计。

在完成年级统一部署的教学任务的前提下，结合建筑体量设计、空间调整与设计、建造、建构研究的三个阶段，我们主要为学生设计了四个开放的与绿色设计结合的方向：体型系数控制与建筑体量的互动设计，利用庭院、走廊等空间设置气候缓冲层，选择可再生材料进行建筑结构及构造设计；建筑表皮设计以调节室内空间气候环境。

体形系数：由界面围合的内部空间（体量）才是建筑的主要使用对象，界面和体量是相辅相成、互动关联的两个重要因素，在绿色建筑设计中为了解释两者的关系，我们引入一个新的概念——体形系数。体形系数是建筑物同室外大气接触的外表面积与其所包围的体积的比值，是表征建筑热工性能的重要参数，用公式表示为 $K=A/V$。建筑的体型系数是围护的手段（外界面）与围护的结果（空间）之间的数量比值，因此它不仅仅是一个热工性能参数，而且还体现了作为手段的外界面对空间的建构围护效率，因而体型系数也是一个界面围护效率系数。建筑物外表面积越大，同外界交换的表面积就越大，因而建筑能耗随体形系数的增长而增加。

表面面积系数：从利用太阳能的角度考虑，应使南墙面吸收较多的太阳能辐射热，且尽可能的大于其他向外散失的热量，以将这部分热量用于补偿建筑的净负荷。如果使除南墙面之外的其他墙面的热工质量是相同的，则不难看出，建筑的净负荷是与面积的大小成正比的。因此，从节能建筑的角度考虑，对建筑节能的效果以外围护结构总面积越小越好这一标准来评价是不够的，而应以南墙面足够大，其他外表面尽可能小为标准来评价，即表面面积系数（建筑物其他外表面面积之和与南墙面积之比），这就是被动式太阳能建筑对围护结构面积的要求。

8. 课程结构与教案组织

《社区活动中心》绿色设计课程结构与教案组织　　　　表 1-2

阶段	阶段 1 从城市到体量	阶段 2 空间设计			阶段 3 建造研究
增加授课	关于气候与场地的小组授课	被动式节能策略的授课	雨水利用和绿化的授课	绿色建筑材料的授课	保温与遮阳构造的授课
主要内容	a. 针对气候条件应采用何种形式的建筑布局 b. 温度——集中式和分散式 c. 日照——朝向和采光 d. 主导风向——点式和条式，风压通风和热压通风 e. 降水——场地竖向设计	a. 气候边界和围护结构的概念 b. 闭合的气候边界 c. 影响建筑能耗的因素 d. 被动式节能策略——保温层和遮阳	a. 结合空间设计的绿化 b. 绿化的生态价值 c. 控制不透水面积比 d. 不同形式的绿化（庭院、屋顶、水面、垂直）	a. 选择材料中的可持续性要求 b. 全寿命周期概念 c. 环保认证 d. 合理用材、经济用材	a. 保温的常见形式，避免冷桥 b. 遮阳的常见形式，水平遮阳、垂直遮阳和混合遮阳，固定遮阳和活动遮阳
进度	2 周	6 周			4 周
作业要求	日照分析图	体形系数与建筑形体互动设计	气候调节与空间设计	建筑材料与结构、构造设计	表皮设计与节点大样
案例		作业展示一：郑玉达	作业展示二：沈忱	作业展示三：方坤	作业展示四：白海琦

1.4
优秀作业

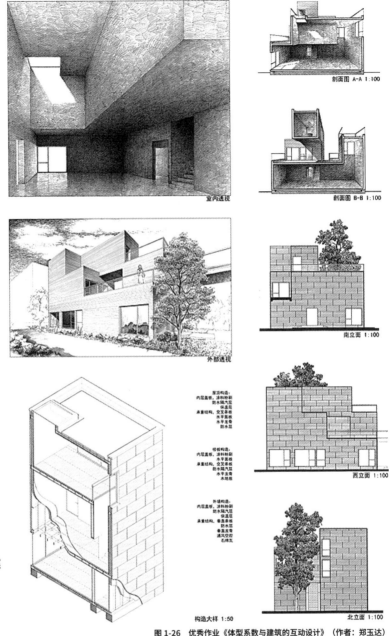

剖面图 A-A 1:100

剖面图 B-B 1:100

室内透视

外部透视

南立面 1:100

西立面 1:100

构造大样 1:50

北立面 1:100

1. 体型系数与建筑的互动设计

学生：
郑钰达

图 1-26 优秀作业《体型系数与建筑的互动设计》（作者：郑玉达）

教师点评：设计将天桥作为重要的因素融合进建筑里，将社区和活动中心有机地联系起来。内部空间的划分和场地的设计相呼应，形成公共到半公共到私密的过渡。建筑表皮的材料采用石棉瓦，具有质量轻，防潮，防火，保温隔热性能良好以及造价低廉等特点，能够和周边的旧建筑相适应。设计还同时兼顾了绿色环保的要求，通过增大向南采光面以及对空气流动的设计，达到节能的目的。

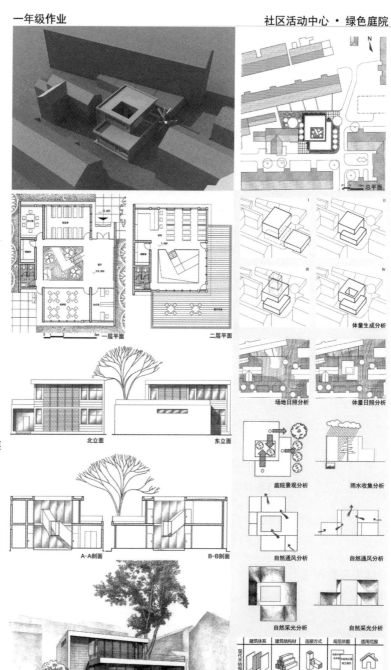

2. 庭院——气候缓冲空间

学生：
沈忱

沈忱：在大一下学期开始第二个设计课作业时，我有幸被选入绿色设计组尝试进行了一次绿色设计。通过八周的学习训练，我对什么是绿色设计有了初步认识，了解了平台框架结构的构造，初步培养了绿色建筑设计观。并且，对于今后的设计课程作业，我也会将绿色设计纳入考虑，尝试将绿色设计带入到每一次设计中，使之成为多元考虑目标之一。

图 1-27　优秀作业《庭院作为气候缓冲空间》（作者：沈忱）

方案基于气候梯度践行了建筑的功能配置的考虑。由于人们对各种房间的使用要求不同，对房间热环境的需要也各异，因而根据实际需要合理分区，推行建筑平面的"温度分区法"。

热环境质量要求较低的房间，如住宅中的附属用房（厨房、厕所、走道等）布置于冬季温度相对较低的区域内，而将环境质量好的向阳区域布置居室和起居室，使其具有较高的室内温度。并利用附属用房减少居室等主要房间的散热损失，以最大限度地利用能源，做到"能尽其用"。

为了保证主要空间的室内热舒适环境，可在舒适度要求较高的空间与恶劣的外界气候之间，结合具体使用情况设置过渡空间区域，又可称为"温度阻尼区"(Buffel Zone)。对于位居平面核心部位的空间而言，温度阻尼区可以视作外界面向建筑内部的纵深扩展，由于温度阻尼区与外界的温差要小于热舒适度高的中心部位空间与外界的温差，亦即外界面的内外温差减小，所以可使建筑的传导和辐射热损失显著减少，这对于冬季采暖和夏季使用空调都是有利的。南向的温度阻尼区在白天还可作为附加阳光间使用，是改善冬季室内热舒适环境的一个有效措施，当然，夏季也可以打开门窗进行自然通风，使之成为一个可调节、可应变的缓冲空间。

教师点评： 本设计位于一老居住小区内，周边多为低层、多层住宅，用地局促。设计者在体量操作中将两个矩形体量的交错部分挖去，创造出一个院落，以此来满足采光、通风和景观的要求，立意新颖。

作为本科第一个综合性的建筑设计，方案较好地满足了小型公共建筑的功能要求。同时，为实现"绿色庭院"的设计概念，方案采用了木平台框架结构这一现代木结构，围绕这个庭院，对环绕四周空间的围护结构进行了细致的设计，以最大限度地发挥该庭院的自然采光和通风效果。设计者对绿色建筑设计知识的掌握基本达到了初学者的要求。

3. 可再生材料与建造设计

学生：
方坤

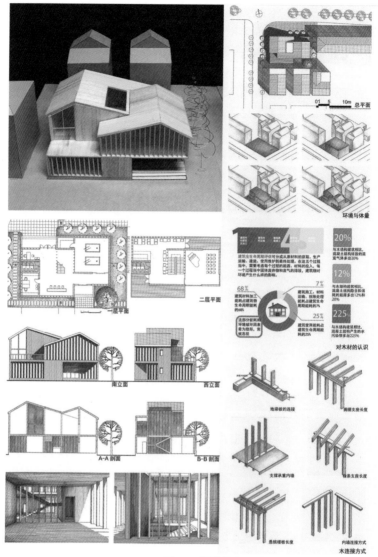

图 1-28　优秀作业《可再生材料与建造设计》（作者：方坤）

教师点评： 方案在一年级空间设计训练基础上，融入可持续发展理念，从建筑全寿命周期角度，采用木材这一绿色环保材料作为建筑的主要构成材料。对木材的生态环保性能进行充分认识，从标准的木构件出发，研究木材连接方式及现代轻木结构体系对建筑空间形式带来的推动抑或约束以及其建构表现。方案将现代轻木结构体系与建筑空间艺术形式充分结合，达到高度一致和统一。

方案较好地贯彻了教案意图，通过尊重周边历史环境的体量设计及丰富的内部空间塑造以及结构及材料的深入考虑，做出了对待环境富有特色的设计解答；通过楼梯顶部可开启天窗的设计，实现建筑自然采光和通风，体现出朴素的绿色设计意识。作业达到对绿色建筑一般性常识的了解以及对现代木结构技术的掌握要求，将空间、技术、技艺融为一体。

4. 建筑表皮与遮阳设计

学生：
白海琦

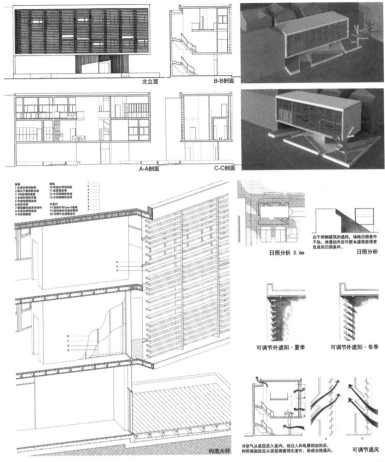

图 1-29 优秀作业《建筑表皮与遮阳设计》（作者：白海琦）

　　遮阳设计是为了实现对建筑室内、外环境中光和热的调节，同时亦在建筑外观上形成了丰富的表皮特征。基于气候环境而言，遮阳是为了实现对自然光的调节：一个是对光线强弱的调节，一个是对热量的调节。

　　建筑遮阳设计能够创造出独特的建筑个性和富有特色的建筑形式。随着技术的不断进步建筑遮阳将具有越来越完备的智能控制系统。光伏发电板可以与遮阳构件结合设计；双层玻璃加可调节百叶等；灵活可变的遮阳设计，成为立面形式造型的重要元素。

教师点评：本设计从场地的环境出发，研究周边建筑对日照条件的影响，结合城市空间、行为路径和场地景观，提出将建筑主体量抬高架空一层，在形成完整的街区轮廓的同时创造出公共活动空间，并为建筑的主要使用空间提供良好的日照条件，较好地实现了建筑与城市的对话与交融。

　　方案对外围护结构进行了重点设计，通过水平向的可调节遮阳板和双层玻璃的组合形成了具有环境适应性的生态化外表皮，夏季可以遮阳，冬季又不影响日照，同时形成引导自然通风的廊道。而这一构造设计又形成了建筑独特的外立面形式，以及室内丰富的光影变化。

1.5 教学小结

一年级的绿色建筑教育的重点主要是提高学生的设计意识，而非具体的设计能力，帮助学生建立起对可持续设计的价值观，至于具体的设计技巧则是更高年级的任务。正是由于这一定位，决定了大一的教学侧重于知识框架的建立，面铺得较开，但不会就某个问题进行深入研究。而在与设计作业的结合点的选择上同样要考虑大一学生的实际情况，在技术性、专业性课程均未介入的情况下，学生尚不具备进行专业设计的能力，因此这些结合点也只能是相对较简单的内容。

在教学和最终答辩过程中，学生和其他老师问的最多的一句话就是"绿色组有什么不同？"这句话的意思其实是他们从学生的设计作品中没看出什么特殊的地方，亦即所谓"特色"的东西。如此之多的人关注这一点，这本身就说明了一个问题——绿色设计被曲解了，亦可以说建筑设计本身被曲解了——评判设计好坏的标准就是最终能够直观感知到的形式，而建筑内在很多看不见的东西，如结构的合理性、建造的难度和成本、物质和能量的消耗、使用者的舒适性等等，则统统被选择性忽略。而这恰恰说明建立绿色价值观的重要性。建筑不是孤立的空间系统，也不是抽象的审美对象，它从来就是环境的组成部分。空间、形体、材料与构造应该归置到与环境的相互关系中去考量。所有好的设计都应该是绿色的，否则就不是完善的设计。虽然非绿色组的学生同样可能实现绿色的设计，但有意的设计和无意的巧合是不同的，尤其是对教学来说，巧合不可能反复出现，只有真正意识到问题进而提出解决对策的设计才能作为学生设计能力提高的证明。从这一角度来说，尽管绿色组与非绿色组的设计作业外在形式特征的差别并不明显，但绿色组学生对可持续性问题的理解要更深入的，而这一点在他们未来的学习中将体现得更为明显。

二年级

空间与技术I——被动式设计

2.1 概述

被动式设计是利用建筑设计本身来降低能源需求的设计理念。二年级建筑设计教学中主要掌握被动式设计策略。

主要目标：理解建筑空间的形态属性和气候属性及其内在关联，并掌握基本的设计方法。

关键问题：空间形态操作中应对气候的建筑形体、围护结构、自然通风、自然采光、地形结合的设计意识培养和设计方法的训练。

教学内容：（1）训练在空间分化过程中应对气候的建筑形体生成和空间布局设计。（2）训练在建筑布局与空间操作中应对自然通风的设计方法。（3）训练在空间进程设计中应对地形的建筑形体和内部布局操作方法。（4）训练在空间复合过程中光、热环境应对外部气候和内部功能的设计方法（图 2-1）。

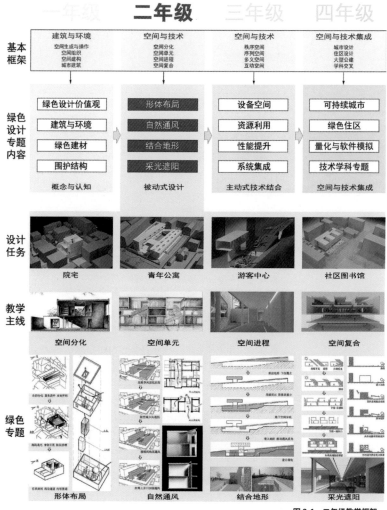

图 2-1　二年级教学框架

2.2.1 教学要求

1. 建筑形体

不同气候条件，建筑的热环境需求都不一样；四季和昼夜更替，同一建筑的热环境控制策略也随之变化。保温和隔热是热环境需求的两个最基本方面。开启和封闭是建筑热环境控制的基本方式。保温和隔热对建筑形体提出了两种要求。建筑体形系数越小，保温性能越好。体形系数大，则易通风散热（表 2-1）。体形系数是指建筑外表面积与体积之比。

体形系数 = 建筑表面积 / 建筑体积

这里指的建筑体积是围护结构所围合的封闭建筑空间体积，不含灰空间等开放空间。建筑表面积则指围合封闭空间的建筑围护结构表面积。

体形设计策略　表 2-1

地区	热工设计要求	体形设计策略
寒冷地区	冬季保温得热	体形相对紧凑方整，南向日照
夏热冬暖地区	夏季防热	体形相对通透凸凹，遮阳 *
夏热冬冷地区	主要夏季防热，兼顾冬季保温	体形通过表皮开启可变化 *

* 长时间使用空调的建筑则力求体形紧凑方整

2. 空间布局

建筑内部功能布局中，空间的分化为主体空间与辅助空间。辅助空间可以作为主要空间极佳的热缓冲层，隔绝不利的传热。比如冬季时抵挡北面的季风，夏季时隔绝东、南、西、屋顶的太阳辐射得热（表 2-2）。

气候区和布局策略　表 2-2

地区	热工设计要求	内部布局策略	天井或中庭布局策略
寒冷地区	冬季保温得热	主体空间与辅助空间南北布局，南面可设日光间	中庭较利于得热，南、北、中都可行
夏热冬暖地区	夏季防热	辅助空间及灰空间环绕主体空间	天井较利于散热，深挑檐遮挡得热
夏热冬冷地区	主要夏季防热，兼顾冬季保温	主体空间居南，辅助空间居北、西、东三面，南面薄灰空间	中庭忌朝南，宜居中，上口要小以减少夏季得热；天井有挑檐，天井口可控最佳

辅助空间可以是相对功能次要或者人停留较少的房间，比如厕所、厨房、储藏间、楼梯间、设备间、走廊等等。主体与辅助是一种相对概念，对于每一幢建筑而言会略有差别。比如公寓的外走廊人停留较少，可作为辅助空间，而商场的走廊则不一定是辅助空间。主辅空间分化逻辑与建筑类型相关。还有一种辅助空间是热调节腔体，它附着于建筑立面或者屋顶，直接具有降温或者得热作用，比如太阳能腔体和风塔。降温腔体一般有：通风墙、通风屋顶、风塔。得热腔体一般有：特朗伯墙、日光间、双重幕墙。

2.2.2. 典型教案

院宅设计（2013-2014 年度，本科二年级）

1. 课题背景

　　院宅（图 2-2）作为一种居住模式，也作为一种空间类型，以此应对自然和城市，是东西方传统中经久的建筑类型。在当代城市高密度的居住环境下，重新讨论院宅这一生活模式和空间类型，既是对内部生活内容及空间关系的关注，也是对居住与自然关系的更多探讨，由此引发空间特质及其与气候的关联思考。

　　在这一过程中，将学习有关生活空间的一些基本要素和关系，包括："公共与私密"、"服务与被服务"、"视线"、"日照"、"通风"等居住生活的基本要素，以及"内 外"、"虚 实"、"开放 封闭"、"中心 边界"、"上 下"等基本空间关系。

2. 目的和要求

　　（1）建立具体生活及气候体验与建筑空间限定的联系，在理解家庭生活的基本需求及功能构成基础上，构想具有特质的生活空间场景。

　　（2）学习边界及气候条件限定下的空间设计，在整体关系中理解内 外、虚 实等基本的空间分化及联系。

　　（3）理解物质要素对空间的支撑和限定。

　　（4）学习通过三维实物模型与二维图纸进行设计研究的工作方法。

3. 项目场地

　　"桃园新村"位于南京（夏热冬冷地区）玄武区梅园街道东北部，西邻大悲巷，东南接雍园，北至竺桥。该区域保留较多民国时期的建筑风貌，存有较多原先独立式的低层住宅。后由于居民构成的转变和居住密度的增加，这些独栋住宅很大程度上转变为多户杂居，并历经增建，

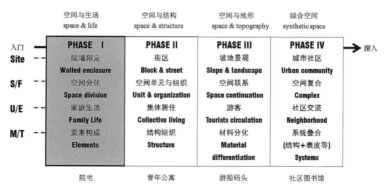

图 2-2　设计课题大纲

图 2-3　项目场地

形成目前多栋房屋交叉散落、相互搭接的状况，由纵横交错的窄小街巷联通。在当前的街区更新整治中，各个小地块周，尤其是临近街巷一面，设置了连续统一的院墙（部分借用已有墙体、部分新增院墙），以此维持各个地块的私密性，并保持了公共街巷界面的整齐与完整。

现在此区域内，拟选择四个地块（图 2-3）作为本课题的设计场地，地块面积为 170~200 ㎡，设定条件为：与已有环境整治相适应，地块周边预设连续的围墙，墙高 2m，设计中可根据需要加高或适当改造；地块内部现有建筑可以全部拆除，相关树木可予保留；地块内均为可建设用地，建筑高度和退让需考虑与周边建筑的关系，满足主要居室的日照和私密性要求，檐口高度 ≤ 8.0 m。

4. 设计任务

建筑面积：180（±10%）㎡。

建筑内部功能配置，满足 5~6 人以上的家庭居住功能。

设计中要注意区分不同性质的居住功能，要求各部分功能使用舒适，适应气候。包括：不同家庭成员的私密性居室（主要为各类卧室，可带卫生间）；家庭成员共同使用的区域（客厅起居、餐厅等）；服务设施（厨房、卫生间、洗衣、储藏等）；另可根据需要设门厅、书房、工作室等。

汽车停放拟由梅园新村社区另行统一规划解决，地块内部可不考虑。

5. 参考资料

[1]（荷）赫曼·赫兹伯格. 建筑学教程：设计原理. 仲德崑 译. 天津：天津大学出版社，2003.

[2] 龚恺，丁沃沃，鲍莉等. 东南大学建筑学院建筑系二年级设计教学研究：空间的操作. 北京：中国建筑工业出版社，2007.

[3]（日）中村好文，住宅读本 / 住宅巡礼，林铮顗 译，人民大学出版社，2008.

[4] G.Z.Brown,Sun,Wind & Light:Architecture Design Strategies. John Wiley &Sons,Inc.,2001.

[5]（日）アトリエ・ワン (Atelier Bow-Wow). 図解アトリエ・ワ

(Graphic AnatomyAtelier Bow-Wow).Toto 出版社，2007.

[6] 杨柳．建筑气候学．北京：中国建筑工业出版社，2010.

[7]G.Z.Brown,Sun. Wind & Light:Architecture Design Strategies. John Wiley &Sons,Inc.,2001.

6. 操作过程

			中期评图		评图
	场地模型 Site model（1/100） 构思模型 Conception model（1/100） 空间模型 space-structure model（1/100） 总平 site plan（1/500） 平立剖 plan, elevation, section（1/100） 其他：照片、小透视、分析图等，自定 Others: photos, perspective, diagram		场地模型 site model（1/100） 构思模型 conception plan（1/100） 空间模型 space model（1/100） 气候设计分析 climate design diagram 总平 site plan(1/500) 平立剖 plan, elevation, section（1/100） 场景透视 perspective 其他：照片、小透视、分析图等，自定 Others: photos, perspective, diagram		
内容 Themes	讲课一：院宅——空间与生活 Lecture1 Courtyard house: Space & Life 场地分析 Site analysis 案例研究 Case study 气候分析 Climate analysis	讲课二：案例分析 Lecture 2 Case Study 空间设计：家庭生活、环境\气候与空间分化 Family, environment\ climate & space division	设计调整／深化 Design developing 气候设计 Climate design	讲课三：建筑绘图 Lecture 3 Architectural Drawing 制图 排版 Drawing & layout 模型整理 Model making	
日程 Schedule	9月21日 场地模型 Site model (1/100) 构思模型 Concept model 构思草图 Concept sketch	9月28日 空间模型 Space model (1/100) 平、剖面草图 Plan & section（1/100）	10月15日	11月12日 空间模型调整（sketch-up 模型）space mode (1/100) 气候设计分析 Climate design analysis 场景透视 perspective 建筑图 architectural drawing (1/100)	11月12日
主题词 Themes	空间场景 space scene 气候 climate 内 - 外 Interior-exterior 虚 - 实 void-solid 开放 - 封闭 openness-enclosure 日照，通风 sunlight & ventilation 私密 - 公共 privacy-public 服务 - 被服务 serving-served		空间场景 space scene 气候设计 climate design 中心 - 边界 centre-periphery 上 - 下 upside-downside 构件（结构、围护）Components 家具 furniture		

2.2.3. 教学组织

空间分化是该课题的主要空间操作线索，与之对应的气候操作线索为形体与布局，后者是前者的重要控制原则。

1. 空间分化与建筑形体

空间分化的第一步为院与宅的分化，即外部空间与内部空间的分化，这步操作大致决定了建筑的形体。根据建筑面积的测算与基地面积的比较，很容易得出 2 层为主的院宅中院子所占比例。再来分析建筑体量多少层，位于基地的什么方位，朝向哪儿，体量集中还是分散，这些都影响了形体。在初步分析的基础上对基地的肌理和建筑形体进行调研，理解底层高密度居住区中，建筑形体如何适应环境，兼顾朝向、隐私等方面（图2-4）。在此基础上，进行案例分析，选取院与宅分化在气候方面较有逻辑性的案例进行剖析（比如雷根斯堡住宅等，图2-5）。通过实地调研与案例分析环节基本确立了气候与建筑形体之间关联的基本认识。

然后进入方案布局阶段。基地形状多为东西向短南北向长，所以南院北宅、前后宅夹中院以及多院的基本模式都能兼顾朝向。这些类型在作业中都有出现（图2-6）。在拥挤的街区中，加之有院墙的整体约束，体量都相对方整紧凑，其形体系数都控制得较为理想，如果出现体量明

图 2-4　基地肌理与形体调研

 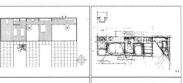

图 2-5　案例研究（雷根斯堡住宅）

 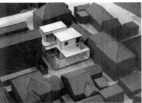 

图 2-6　形体模型

显细碎的方案，计算其形体系数都会较大超出平均值。通过每次形体草案的形体系数计算，可以明晰形体系数对控制形体的重要作用，从而理解在本气候区，建筑形体设计的合理范围。

2. 空间分化与空间布局

院宅的主要功能属性为家庭生活，可以引导分析和设想人员构成、生活习惯、空间要求等等，由此可推导出内部各部分空间的私密性、采光、景观等方面需求，将此作为内部空间分化的控制原则。首先，内部空间大体可分化为主要空间和辅助空间。主要空间为人长时间停留的或重要的空间，如起居室、卧室、工作室、餐厅，辅助的如厕所、储藏、厨房、楼梯间等。根据传热缓冲原理，可以将辅助空间作为主要空间的气候缓冲层，包裹主要空间或位于主要空间的北面、西面。其次，内部空间又可分化为私密空间和公共空间（图2-7）。公共空间如起居室、门厅、餐厅等与院子的互动性更强，应考虑与院落空间的结合。

一层平面 1：100

一层平面 1：100

图 2-7 辅助空间布局

2.2.4. 优秀作业

院宅

学生：
乔炯辰
指导教师：
陈晓扬

教师点评：设计手法简洁有效，以尽量争取日照和通风为前提进行功能布局和体形设计。主要房间都有南向直接日照和穿堂风。较大体量中通过置入光庭来争取次卧室的日照和楼梯间的采光，同时也让内部的光影效果活跃灵动。功能分化与形体分化对应，两个实体的盒子——一层的辅助功能带和二层的卧室，简单而有效地完成了空间布局和功能划分。院墙与建筑形体融为一体，最大限度地参与了空间限定，使得院与宅形成你中有我、我中有你的格局。

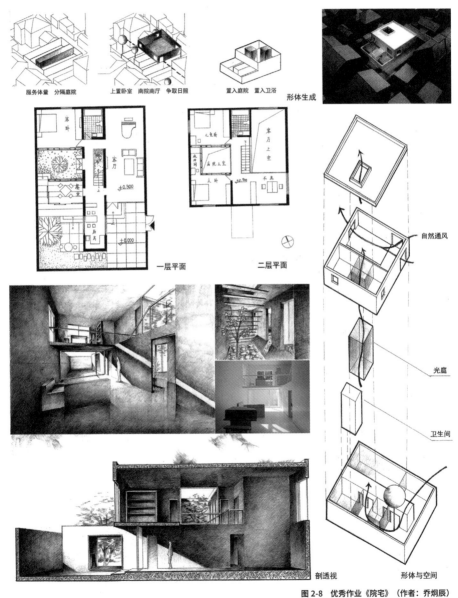

图2-8 优秀作业《院宅》（作者：乔炯辰）

49

2.3.1. 教学要求

1. 自然通风基本原理

风压通风是利用建筑迎风面与背风面的空气压力差实现的空气流动，这是最常见自然通风方式。当风吹向建筑时，因建筑的阻挡，会在建筑迎风面产生正压力。气流绕过建筑时，会在背面形成负压力。如果建筑有开口，气流就从正压区向负压区流动。流动的空气随着流速的增加而压力减小，从而形成低压区，周围的空气在补充低压区的时候也实现了空气对流，这就是建筑内部实现对流换气的基本原理。根据这一原理，宜在建筑内部保留贯通的风道，当风在通道中吹过时，会在通道中形成负压区，从而带动整个建筑内部的空气对流。在具有良好外部风环境的区域，风压通风是实现自然通风的主要手段（图 2-9）。

热压通风是利用建筑内部空气热压差来实现空气流动。热空气密度小，由于浮力作用而上升，从而带动了建筑内部的空气对流。利用这一原理，在建筑上部排风口，在建筑底部设进风口，可将污浊的热空气从室内排出，而室外新鲜的冷空气则从建筑底部被吸入。热压作用与进、出风口的高差和室内外的温差有关，室内外温差和进、出风口的高差越大，则热压作用越明显。一般室内外温差是一定的，而热压与风口高度差成正比，所以在竖向的腔体中，这种热压作用比较明显，这就是我们通常所说的"烟囱效应"。在建筑设计中，可利用建筑物内部贯穿多层的竖向空腔——如楼梯间、中庭、拔风井等增加进、排风口的高差，并在顶部设置可以控制的开口，将建筑各层的热空气排出，达到自然通风的目的。与风压式自然通风相比，热压式自然通风更能适应不稳定或者不良的外部风环境（图 2-10）。

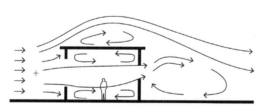

图 2-9　风压通风示意

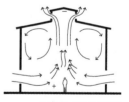

图 2-10　热压通风示意

2. 自然通风设计方法

自然通风设计包含这些方面：群体布局、形体设计、天井、通风弄、开口设计、导风措施、通风塔、太阳能烟囱、高耸空间利用 [1]。

1　见参考书：《建筑设计与自然通风》，陈晓扬，2011,中国电力出版社.

图 2-11 设计课题大纲

2.3.2. 典型教案

留学生公寓（2013-2014 年度，本科二年级）（图 2-11）

1. 目的和要求

（1）学习单元空间的设计与组织方式，掌握"空间"、"形"与"气候"之间互动的设计方法。

（2）学习在特定环境和气候条件下的建筑内外空间组织。

（3）学习建筑自然通风的基本设计手段。

（4）理解材料、结构对空间的限定及组织作用。

（5）继续学习通过实物模型与二维图纸进行设计研究的工作方法。

2. 项目场地

场地为位于东南大学四牌楼校区教学区旁的 3 块基地，学生在指导教师的指导下选择具体基地（图 2-12）。

场地设计的基本要求：

（1）所选用地范围内原有建筑拆除，基地内部的树木可考虑保留。

（2）建筑退让红线的要求如图示；基地内部必须满足消防要求；汽车停放由周边环境整体规划统一解决，30 辆自行车停放空间。

（3）应有相对完整的场地设计（如道路、自行车停放、铺地、绿化等）。

3. 设计任务书

（1）居住单元

单人间（带卫生间，应考虑工作空间）：15~20 间；

双人间（可带卫生间，可考虑工作空间）：20~30 间；

总床位数 ≥ 60 床。

（2）茶座，咖啡吧 (tea house):150 ㎡。

（3）交流活动及生活服务区面积自定。

（4）物管及储藏用房 (offices and storerooms): 60~80 ㎡。

图 2-12　项目场地

（5）交通部分（含门厅、连廊、楼梯间等）面积自定。

（6）其他：可根据需要另外适当增加部分使用内容，如休息室、厨房、储藏间等。

（7）按城市规划及所处地段要求，建筑总高度不大于 15m。

（8）面积系数控制以 0.60~0.70 为佳，建筑密度 ≤ 60%，总建筑面积控制在 1500m² （±10%） （架空部分按一半建筑面积计算）。

4. 参考书目

[1]（荷）理查德·韦斯顿 . 材料，形式和建筑，范肃宁陈家良译，北京：中国水利水电出版社，2005.

[2] G.Z.Brown.Sun,Wind&Light:Architecture Design Strategies. John Wiley &Sons,Inc.,2001.

[3] 陈晓扬 . 建筑设计与自然通风 . 北京：中国电力出版社，2011

[4]（美）罗杰·H·克拉克 . 世界建筑大师名作图析 . 北京：中国建筑工业出版社，2016.

[5] 丁沃沃，张雷，冯金龙 . 欧洲现代建筑解析 -- 形式的建构 . 南京：江苏科学技术出版社，1999.

[6]（美）维多利·巴拉德帕特立克·兰德 . 建筑设计的材料表达 . 南京：中国电力出版社，2008.

[7] 黑格等著 .构造材料手册 .高莹等译 .大连：大连理工出版社，2007.

[8] 杨柳 . 建筑气候学 . 北京：中国建筑工业出版社，2010.

5. 操作进程

<table>
<tr>
<td rowspan="2"></td>
<td colspan="4">场地模型 site model （1/200）
构思模型 conceptual model （1/200）
单元模型 unit model （1/50）
总平面 site plan （1/500）
平立剖图 plan, elevation, section （1/200）
其他：照片、小透视、分析图等
others: photos, perspectives, diagrams</td>
<td>中期评图</td>
<td>场地模型 site model （1/200）
构思模型 Conceptual model （1/200）
空间模型，结构模型 space-structure model （1/200）
单元模型 unit model （1/50）
总平面 site plan （1/500）
平立剖图 plan, elevation, section （1/200）
单元放大图 unit （1/50）
通风分析 Ventilation diagram
其他：照片、小透视、分析图等
others: photos,perspectives,diagrams</td>
<td>评图</td>
</tr>
</table>

内容	讲课（一） 青年旅社：单元空间组织 Lecture1:Design of UnitSpace & its Organizing 场地分析 site analysis 单元研究 unit study 空间构思 space concept	讲课（二） 建筑典例 Lecture 2: Space Materialization 自然通风 Natural ventilation	设计调整 设计深化 developing design 单元设计 unit design	讲课（三） 建筑绘图 Lecture 3 ArchitecturalDrawing 制图 drafting 排版 layout 模型整理 model making
	11月17日	12月04日	12月11日 / 12月29日	01月10日
操作方法 过程成果	场地模型 site model （1/200） 单元模型 uUnit model （1/50） 构思模型 conceptual model （1/200） 构思草图 conceptual sketch 	空间模型 space model （1/200） 结构模型 sStructure model （1/200） 平立剖面草图 plan, elevation, section （1/200） 	空间—结构模型调整（SketchUp 模型） space -structure model 单元模型 Unit model （1/50） 建筑图 architectural drawing （1/200; 1/50） 通风分析 Ventilation analysis 	
主题词	单元 - 结构 Unit - structure 自然通风 Natural ventilation 公共 - 私密 public-private 网格 - 线性（纵 - 横、上 - 下） grid-linearity (vertical-horizontal, up-down)		单元构成（构件、家具） elements of unit 交通、服务 circulation、service 层级、疏密 hierarchy、density	

2.3.3. 教学组织

空间单元是该课题的主要空间操作线索，与之对应的气候操作线索为自然通风，后者是前者的控制原则之一。

1. 单元组织与自然通风

准备阶段通过文献阅读和讲课了解风压通风和热压通风基本原理。需要了解外部风环境，比如夏季风和冬季风方向、周围建筑和常绿树对风环境的影响。然后进入体量布局阶段。空间单元组织成一个整体就是建筑体量，它需要与外部风环境相适应。最主要的布置原则是建筑体量迎接夏季风。宿舍的长边尽量迎向夏季风，迎夏季风面尽量有开启窗，迎冬季风面尽量封闭。多条建筑布置时，迎夏季风方向前低后高。弧线形体量有助于引导气流。另外，在拥挤的城市街区，还可考虑利用热压通风，周围建筑的遮挡削弱了部分街区的风压通风，而热压通风较为自给自足，利用建筑内部的高度差与温度差，就可产生烟囱效应改善通风。本课题为多层建筑，提供了这种设计的可能性。在组织模式上，单元线性排布有利于风压通风的组织，教学中探究单元与走廊的组合设计以强化风压通风；单元围合中庭有利于热压通风的组织，仔细研究中庭与单元的通风路径以强化热压通风（图2-13）。

2. 单元设计与穿堂风

空间单元的内部设计要有利于穿堂风的组织，主要设计环节为平面和剖面。平面设计中门与窗相对布置时有利，内部空间通畅时有利（图2-14）。单元内卫生间的布置也影响自然通风效果，卫生间作为封闭体量，占据越大，影响卧室通风面积就越大。可考虑卫生间干湿分区分开布置，

图2-13 建筑形体及单元组织适应自然通风的几种类型

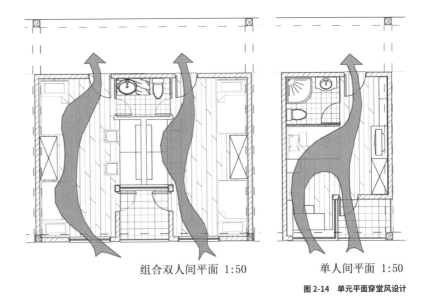

组合双人间平面 1:50 　　　　 单人间平面 1:50

图 2-14　单元平面穿堂风设计

留出中间通风路径。单元的门也可考虑通风口，以强化穿堂风。剖面设计中，可利用垂直腔体通风，比如中庭、天井、楼梯间、竖井等建筑中本来就合理存在的垂直空间。同时，可以尝试利用剖面处理的方式，让单侧房间增加穿堂风的可能性（图 2-15）。

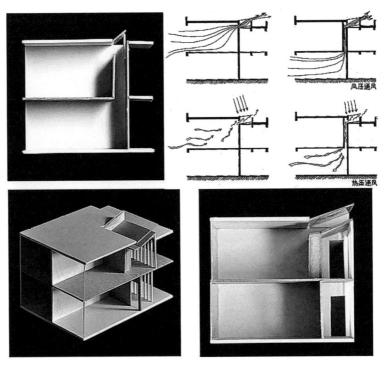

图 2-15　单元通风剖面设计

2.3.4. 优秀作业

青年公寓

学生：
倪恬

指导教师：
陈晓扬

教师点评：形体设计尽量争取南京夏季东南风及遮挡冬季东北风和北风。内庭院解决了单元的日照和通风，单元设计中开口设计争取了穿堂风。另外意图为北面房间设计了一套地道风系统，减少了房间使用空调的时长，同时在静风条件下，也能被动利用太阳能进行热压通风。然而，地道风系统缺少回路，可能要借助风机才能有效。

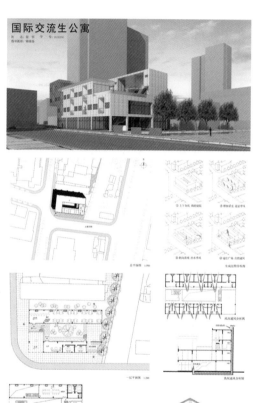

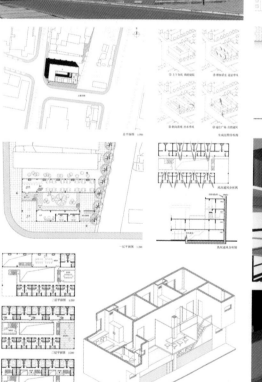

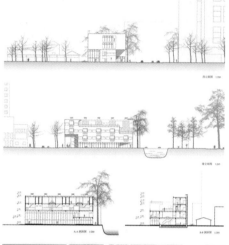

图 2-16　优秀作业《青年公寓》（作者：倪恬）

2.4 结合地形：游船码头

2.4.1 教学要求

近年来随着全球城市热岛效应的扩展，人类赖以生存的环境存在严重的危机。以节能减排、减少人类活动对环境的负荷、确保环境的可持续发展为主要内容的绿色、低碳理念引起各行各业的高度关注。绿色建筑从未像今天这样被高调提及并深入人心，使得学生对于绿色建筑设计抱有极大的学习热情，同时，绿色建筑的迅速发展也对建筑设计教学提出了新的要求。

为了适应绿色建筑在设计理念、设计方法与技术集成等方面的新要求与新问题对于绿色建筑设计教学带来的影响，并在众多概念与思潮中引导学生树立正确的绿色建筑设计观念，迫切要求我们对于绿色建筑设计教学方法与过程进行探索。

1. 结合设计教学体系的绿色设计教案框架

在建筑设计教学环节上针对二年级本科生设置了严整有逻辑的教学体系，由四个设计题目组成。教学的主线是空间，关键点是环境、空间和建构三大要素的相互交织和融合。

院宅 courtyard house 青年公寓 youth apartment 游船码头 Marina 社区中心 community center

图 2-17 二年级建筑设计教程流程图

基于东南大学一至四年级的绿色建筑设计教学框架的整体思考，我们制定了二年级绿色设计教案相应的框图（图 2-17），将二年级绿色建筑设计教学的主题定义为被动式绿色建筑设计知识，结合各个设计的主题，我们将涉及的空间、人群和对绿色建筑的思考通过每次训练层层深化，环环相套。在每个设计题目中突出一个知识点的学习，做到突出重点、各个击破。此次游船码头设计中绿色建筑设计的主题是：地形建筑。

2. 地形建筑的设计重点

建筑根植于大地。建筑的形态与大地的形态关系紧密不可言喻。如今，地形学在建筑设计和景观设计领域越来越得到重视，自然的地表肌理和形态成为灵感的源泉，出现了一种将建筑与地形融为一体的"Landform Architecture"，即"地形建筑"。可以定义为：借鉴来自于视觉领域和大地艺术的实践，在形态上以人工化的方式介入、整合、重构、模拟地形的建筑。它把大地地貌的意象融入建筑的灵魂，在较深层次探索和表现建筑与自然的关系。本设计中地形建筑的设计强调被动式设计方法，按照以下两个方面展开。

（1）与场地关系：这个层面的核心问题是让学生理解绿色建筑充分利用并保护场地周边的自然条件，保留和延续地形、地貌、植被和自然水系，保护生态系统。为减少对周边环境的破坏，可考虑对建筑进行覆土或架空处理，以体现对土地的集约使用，在空间上形成人与自然交错存在的布局、尺度、功能组织与相互关系。

（2）绿色屋顶：这个层面上的核心问题是让学生体现屋顶绿化的重要性，是绿色植物生态系统的重要部分，可以增加人们享受美的感知空间，改善建筑景观，提升建筑的品质。不仅如此屋顶绿化还可以发挥绿色的生态效益，降低"城市热岛"效应，提高建筑节能效果，净化空气，滞尘降噪等。

2.4.2. 典型教案

1. 场地设置

本次设计的基地位于玄武湖东南侧，东接太平门及白马公园。用地北侧为水面，南侧为明城墙（图 2-18）。

在给定用地范围内，任选从道路至水面的一块用地，包括水面岸线、陡坎等。建筑高度小于等于 9m（以选取场地的外部道路标高计），建筑占地（投形面积）不超过 550 ㎡，建筑占水面的面积不超过建筑总占地面积的 60%，建筑与场地需考虑无障碍设计。

图 2-18　场地环境与地块位置

2. 教学主题

（1）空间与地形

在"地形建筑"的主题之下，希望学生通过此次训练理解建筑设计中"空间与场地"的关系，加强对场地环境的分析，学习并掌握建筑空间与场地及地形之间互动的设计方法。运用图纸和模型操作研究坡地建筑设计，体验空间进程，表达建筑与场地的相互关系。

（2）空间与体验

游船码头设计是"空间进程"训练的载体，反映了城市环境的限定中建筑空间与周围环境之间协调互动的设计方法，以及其所代表的一般公共建筑中场地、空间、功能和流线的组织方法。初步了解一般公共建筑（交通类）的特点，着重研究路径组织，体验丰富的空间进程。

（3）绿色建筑

在"坡地"的主题之下，运用绿色建筑设计的方法来启动和深化建筑设计，并且通过设计实现绿色建筑的各项目标。以土地集约使用和保护生态系统为立足点，贯彻绿色设计的原则和方法，从考虑与场地关系和绿色屋顶两个层面学习游船码头设计中如何在空间上形成人与自然交错的布局、尺度功能组织与相互关系，从而来构思空间，深入空间设计。并通过理解不同材料或结构的特征，与对场地特征的探寻，来寻求不同材料应对不同的场地策略和空间性质的方式方法。

3. 设计任务书

建筑总建筑面积 (total area) ≤ 800 m²			场地
主体功能与流线	门厅（lobby）	面积自定	场地入口（广场）
	咨询 (information)	15 m²	码头入口
	售票 (ticket)	15 m²	停船栈道、码头（同时停靠 2 艘 40~50
	候船区 (waiting area)	100-150 m²	人左右的游船）
	检票口 (check in)		码头出口
附加公共设施	简餐茶座（可带厨房）(teahouse, kitchen)	100 m²	室外休息 / 活动场地，酌情自定
	公共卫生间（WC）	40-50 m²	自行车停放，20 辆自行车，可有遮蔽，
	（以上部分可独立对外服务）		面积不计入总面积
配套服务	办公室（office）	15 m² x 3	
	库房（storage）	30 m²	
其他	休息室、小卖部、交通（廊道、楼梯）等 酌情自定		道路、绿化等酌情自定

4. 成果要求

场地模型: 1∶500; 1∶200 构思模型: 1∶500; 1∶200 空间结构模型: 1∶200

总平面图: 1∶500

平立剖图: 1∶200

系列透视、场景透视

5. 参考书目

[1] 卢济威, 王海松. 山地建筑设计. 北京: 中国建筑工业出版社, 2001.

[2] 郑炘, 华晓宁. 山水风景与建筑. 南京: 东南大学出版社, 2007.

2.4.3. 教学组织

游船码头设计是大二学生第一次真正意义上接触到公共建筑，功能较之前的设计更为复杂和丰富，空间也更为丰富。加之绿色建筑设计知识的融入，对学生构成了更大的挑战，于是经过思考，我们将本教案中地形建筑的关系分为两个层次的问题，引导学生在不同的阶段和层面着力解决不同的问题。

1. 空间与地形

这个层面的核心问题是让学生理解绿色建筑充分利用并保护场地周边的自然条件，顺应延续地形、地貌、植被和自然水系，最大限度地尊重环境，使建筑、自然、人融为一体。

根据教学流程图可以看出，游船码头的着眼点是空间与地形。基地位于城中心风景区，湖光山色醉人心目，游览的游客和散步的居民络绎不绝，因此以怎样的姿态去应对优美的周边环境是这个设计的出发点。

在图 2-19 所示的设计方案中，作者将整个体量沿湖设置，最大限

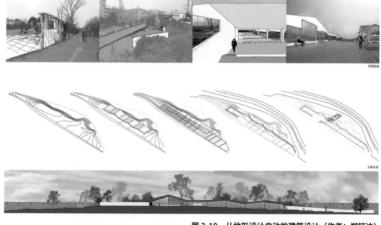

图 2-19　从地形设计启动的建筑设计（作者：郑钰达）

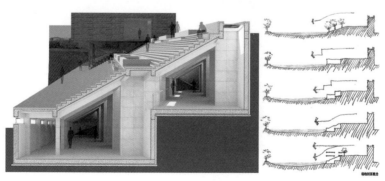

图 2-20　从地形设计启动的建筑设计（作者：张锦松）

度地扩大观景面。建筑整体比较低矮，以低调的姿态应对周围环境，将屋顶设置成折板形顺了地形的坡度起伏，并将地形中的高差引入了室内，由内而外都呼应了地势的发展。

在如图 2-20 所示的设计方案中，作者也顺应了坡地地形，将建筑埋地。其次为了利用周围环境的资源，将设计切割成斜面，并将斜面打开引入大台阶，进入建筑和不进入建筑的游客都能获得较好的景观面。大台阶也为居民提供宜人的户外活动休闲场所，体现了游客中心的主题。建筑对环境要素的理解为人提供了丰富的活动场所，激发出场地的活力，场地在建筑中再现，建筑与场地共生。

2. 空间与体验

游船码头设计是"空间进程"训练的载体，反映了城市环境的限定中建筑空间与周围环境之间协调互动的设计方法，以及其所代表的一般公共建筑中场地、空间、功能和流线的组织方法。

在游客中心的设计中，集散空间和活动空间是设计的重点。而在对实地的考察中却发现游览游客和散步居民络绎不绝的玄武湖畔缺乏供人停留观景的场所，如何更好地给游客提供休闲的观景空间，如何还原人们行走的记忆成为了这个设计的重点。

图 2-21 所示的设计中坡地沿等高线延伸至室内，打破建筑内外界线，满足景区人流汇聚、停歇的需要，不进入建筑也可以获得丰富的游览体验。游客可以乘船顺着坡地而下，延续人们原有熟悉的行走路径。沿着屋面而下行可远眺湖心洲，在上扬屋面可以回望城墙，移步景异，形成较为连续以及丰富的空间感受。

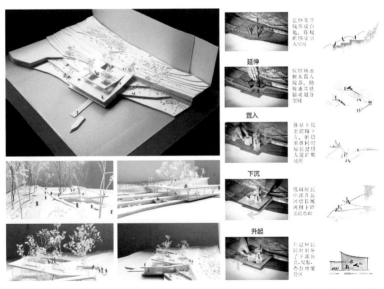

图 2-21 从地形环境出发游船码头设计模型（作者：曾兰淳）

2.4.4. 优秀作业

1. 译

学生：
曾兰淳
指导教师：
吴锦绣

教师点评： 设计突破了场地和建筑的界限，通过竖向设计将场地和建筑完美结合，将建筑埋入半地下，将地面空间留给城市，这在风景区里是非常有效的建筑设计。

　　设计中坡地沿等高线延伸至室内，打破建筑内外界线，满足景区人流汇聚、停歇的需要，不进入建筑也可以获得丰富的游览体验。游客可以乘船顺着坡地而下，延续人们原有熟悉的行走路径。沿着屋面而下行可远眺湖心洲，在上扬屋面可以回望城墙，移步景异，形成较为连续以及丰富的空间感受。

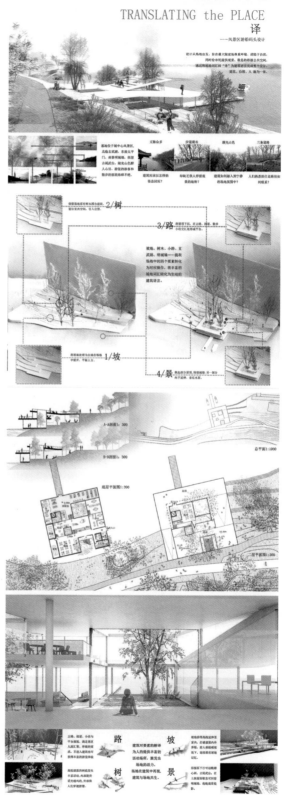

图 2-22　优秀作业《译》（作者：曾兰淳）

2. 游客中心

学生：
郑钰达
指导教师：
虞刚

教师点评：该游客中心方案在设计处理方面有两个特点：（1）充分利用场地地形特点及景观资源，长方形的体块沿地图展开，在局部做异形处理，既很好地顺应了地势，又能与场地旁的南京旧城墙的形体关系相呼应。（2）轻量化处理结构与构造，与周围环境性形成鲜明对比，室内大空间未设结构分割，立面以大面积玻璃为主，既很好满足游客中心的开放性、公共性需求，又与旧城墙相得益彰，体现了建筑鲜明的当代性。

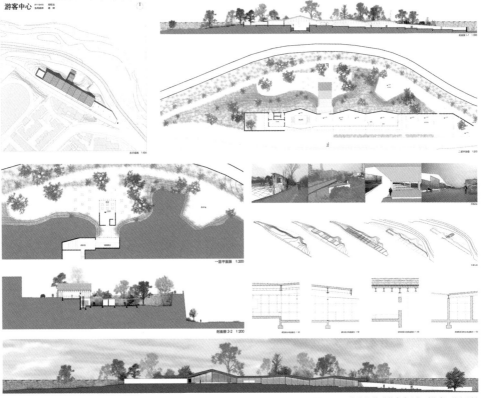

图 2-23 优秀作业《游客中心》（作者：郑钰达）

（本节内容是根据朱渊主持的二年级场地空间设计课程的教案发展而来，由吴锦绣和陈涵编写完成。）

2.5.1 教学要求

近年来，随着我国低碳和谐发展战略的深入贯彻，建筑的可持续发展已成为我国经济和社会发展中的一个重要议题。绿色建筑作为其中重要的一个内容，在绿色建筑设计和相关技术方面都取得了显著的进展，不仅引发了世界范围内建筑领域发展的深刻变革，也促使人们对于建筑、自然和社会三者关系的深入思考。作为培养未来建筑师的摇篮，高校在贯彻绿色设计理念和传播绿色建筑知识方面责无旁贷。

在此基础之上，绿色建筑教学从总体框架到二年级的各个设计题目的重点都有系统的阐述，涉及绿色建筑设计的各个重要知识点。在社区图书馆设计专题中，绿色建筑设计的教学要求体现在以下几个方面。

图 2-24　二年级建筑设计教学流程图

1. 结合设计教学体系的绿色设计教案框架

东南大学建筑学院的建筑教学有着非常严整的体系。就二年级的设计教学而言，教学的主线是空间，关键点是环境、空间和建构三大要素的相互交织和融合，由此形成了全年的四个设计题目设置（图 2-24）。

基于东南大学一至四年级的绿色建筑设计教学框架的整体思考，我们制定了二年级绿色设计教案相应的框图，将二年级绿色建筑设计教学的主题定义为被动式绿色建筑设计知识，结合各个设计的主题，我们将被动式绿色设计的知识点分为：优化维护、自然通风、地形建筑和光与空间，分别对应二年级的四个设计题目：院宅、青年旅社、游客中心和社区图书馆（活动中心），在每个设计题目中突出一个知识点的学习，做到突出重点、各个击破。由此确定图书馆设计中绿色建筑设计的主题是：光与空间。

同样需要指出的是，由教学流程图可以看到：我们所强调绿色建筑设计作为一条单独的线索融入设计教学，是在常规教学内容之外额外附加的要求，也就是说，对于绿色设计组的学生而言，他们必须完成常规教学的所有要求，并在此基础上强调绿色设计的特色。这种特色在理想的情况下可以帮助启动设计，并成为设计的特色，但是必须满足基本的设计要求。

2. 光与空间的设计重点

光不仅给建筑带来舒适的物理环境，还可以让建筑空间更加出众，良好的光环境设计也可以取得好的经济和环境效益。本设计中光与空间的设计强调被动式设计方法，按照以下三个方面展开。

（1）光的功能：这个层面的核心问题是让学生理解光的物理作用，即不同的空间需要不同的光，光可以和不同的空间相结合从而使空间变得不同，这个层面可以影响方案的整体构思。

（2）光的设计：这个层面的核心问题是解决光的设计问题，理解空间场景中的光，理解光所创造的空间感受和氛围，这个层面可以影响方案的空间设计。

（3）光的处理：这个层面的核心问题是光的处理技术问题，例如如何进行光的引入与遮蔽，了解和学习光线的引入设施和遮阳设施，如何针对不同朝向进行不同的光线处理，如何将光和通风相结合等问题。

2.5.2 典型教案

1. 场地设置

本设计的基地选址于某大学宿舍区内的 A、B 两块基地，该宿舍区是一个学生和教师及家属混居的住宅区，这里住有教师、学生以及其他社区民众，做设计的二年级同学中有一半同学住在该社区中，也是社区居民的重要组成部分，他们对社区的情况和需求比较熟悉。同学们需要通过调研和居民访谈最终确定任务书的具体内容，并完成相应的社区图书馆设计。

图 2-25　场地环境和 A、B 地块位置

A 基地位于宿舍区入口南侧，紧靠宿舍区主干道和十字路口，人车交通较为复杂，东边是学生宿舍中的花园，风景优美，南边和西边为居民住宅楼，东侧和南侧均有成排的树木需保留。B 基地位于宿舍区内部，东侧紧邻宿舍区主干道，对面是学生食堂，北边是女生宿舍，西边是学校宾馆，南边是居民楼。

2. 教学主题

（1）绿色设计

在"光与空间"的主题之下，运用绿色建筑设计的方法来启动和深化建筑设计，并且通过设计实现绿色建筑的各项目标。以光环境的设计和提升为重点，贯彻绿色设计的原则和方法，从光的物理属性、空间品质和技术措施三个层面学习图书馆设计中如何以光的设计为切入点产生空间构思，深入空间设计的方法，并学习相关知识解决光的技术处理问题。

通过以定性为主、定量为辅的手段对于设计方案的主要亮点进行分析，明确光线在设计中的启动作用和在最终方案中的实际效果。

（2）空间复合设计

社区图书馆设计是"空间复合"训练的一个载体，反映了城市环境的限定中建筑空间与周围环境之间协调互动的设计方法，以及其所代表的一般公共建筑中场地、空间、功能和流线的组织方法。

掌握以图书馆为代表的一般公共建筑中不同空间功能和流线的组织关系与基本功能使用特征和要求，并理解功能使用的规定性和弹性，对空间使用进行计划。学习在简单形体内复杂空间关系的组织方法。理解结构系统、外壳等与内外空间的基本关系，着重结构要素与空间限定要素之间的基本关系研究，学习不同材料结构应对内外空间的不同方法和机制。

3. 设计任务书

总建筑面积 (total space) ≤ 2100m²（上下浮动不超过 10%），建筑 3 层，根据地形的大小也可达 4 层。功能配置如下：

（1）公共部分：共约 1100~1300m²，该部分进出以电子闸门的方式控制，图书采用电脑检索和磁条、条形码编目，主要部分开架管理。

开架阅览区域（含书架）：总面积约 900~1100m²，具体内容根据调研和构思自定，建议进行适当分化（如分为一般阅览，电子阅览，期刊阅览，儿童阅览等）。

出纳、目录：120~150 m²。

其他：门厅、卫生间、交通等。

（2）内部服务的部分，约 400~500m²，必须有独立的出入口。

采编：约 60m²。

内部书库：150~200 m²（必须与出纳之间有直接联系）。

办公（包括会议、馆长、储藏等）：约 100~120 m²。

其他：卫生间、内部交通等。

（3）附加的功能部分：共约 400~500m^2。结合社区需要进行配置，要求可单独对外营业，也可以从图书馆内部（如门厅）进入。具体内容根据调研和构思自定（例如自修教室、多功能厅、展览陈列、网吧、书店、茶座、文具店等）。

4. 成果要求

场地模型：1：500，构思模型：1：200，空间结构模型：1：200。

总平面图：1：500。

平立剖图：1：200，局部剖面。

场景透视。

其他照片和设计分析图自定。

5. 参考书目

[1] 鲍家声. 现代图书馆建筑设计. 北京：中国建筑工业出版社，2002.

[2]（荷）赫曼·赫兹伯格. 建筑学教程：空间与建筑师，刘大馨，古红缨译. 天津：天津大学出版社，2003.

[3] 丁沃沃，张雷，冯金龙. 欧洲现代建筑解析 - 形式的逻辑. 南京：江苏科学技术出版社，1998

2.5.3 教学组织

社区图书馆教案的设计任务代表了功能较为复杂、空间较为丰富的一般公共建筑的设计，对于二年级的学生而言，有一定的难度。加之绿色建筑设计知识的融入，对学生构成了更大的挑战。于是经过思考，我们将本教案中光与空间的关系分为三个层次的问题，引导学生在不同的阶段和层面着力解决不同的问题。

1. 光的功能

这个层面的核心问题是让学生理解光的物理作用，即不同的空间需要不同的光，光可以和不同的空间相结合从而使空间变得不同，这个层面可以影响方案的整体构思。

根据教学流程图可以看出，图书馆的空间主题是空间复合，社区图书馆还强调和社区的互动。在教案设定中，我们将设计内容分为基本部分和附加功能部分。基本部分的内容均有统一明确的规定，基本功能包括阅览室、书库、办公室等。附加部分则具有一定的灵活性，包括自习教室、茶室、展室、多功能厅等社区相关内容。附加功能的选择完全来自社区调研，要求学生通过社区调研进行场地注记和居民调查，然后在两类给定的功能中进行自选和组合。

通过课堂讲授和实地调研，让学生明白光在图书馆设计中可以起到非常

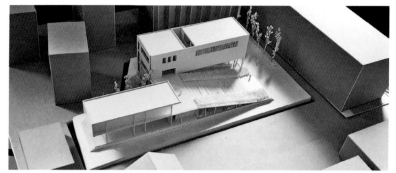

图 2-26　从关注光线和环境出发的图书馆总体设计模型（作者：邵星宇）

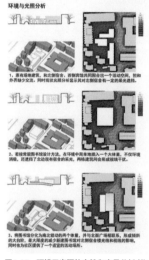

图 2-27　环境于光照的定性和定量分析（作者：邵星宇）

图 2-28　公共空间和阅览室的光线效果（作者：邵星宇）

关键的作用，这种作用首先是物理作用。

　　在图 2-26~ 图 2-28 所示的设计方案中，作者为了减少新建图书馆对于北部学生宿舍的体量、光线和视线的影响，将图书馆分为基本部分和附加部分两个体量，体量南北错动，并与北面的广场相联系形成倾斜的大台阶。大台阶成为总体设计中的突出特点，在总体设计中减小了新建建筑体量对于场地和周围建筑的影响，尤其是光线和视线的影响。

　　其次，大台阶两侧是绿色屋顶，中部是可以供居民休息的大台阶，居民也可以顺着大台阶从北面的广场拾级而上一直走到位于二层的附加功能的茶室以及图书馆的另一个读者入口。大台阶为居民提供宜人的户外活动场所，体现着社区图书馆的主题。同时大台阶侧面的玻璃采光窗也为位于其下的最大的普通阅览室提供了北向的柔和的顶光，为阅览室创造了明亮又安静的读书氛围。

2. 光的设计

　　这个层面的核心问题是解决光的设计问题，理解空间场景中的光，理解光所创造的空间感受和氛围，这个层面可以影响方案的空间设计。

在图书馆中,光的设计的重点是阅览空间、藏书空间和公共交流空间,尤其是阅览空间的设计是图书馆设计中很关键的问题。在图 2-28 所示的案例中,作者所要创造的阅览空间是比较内向的光线柔和的空间,因而将其布置在大台阶之下的空间中,利用大台阶的侧面做采光窗,以获得北向的柔和的顶光。在空间设计中将书架分成小段错落有致地布置在较宽的大台阶状阅览空间之上,读者可以坐在台阶上看书,使他们在很大的阅读空间中获得与书非常亲近又尺度宜人的小的阅读空间。

而在此案例的公共部分,光线的设计则完全不同。公共部分包括入口大厅、目录出纳的相关空间以及通往二楼的坡道,位于大台阶的西侧。这里所创造的是一种非常开敞明亮的公共空间的氛围。巨大的落地窗使大台阶的景色尽收眼底,大台阶上活动的居民和图书馆公共空间中的居民获得了良好的互动,大台阶的平面延伸进公共空间中形成通往二楼的坡道,而坡道顶部的一束光线又引导读者继续向上,预示着上面还有精彩的空间。

上述两个空间的对比可以看到光的设计给空间所带来的截然不同的个性。教案中对于场景中的光的强调促使学生以人的尺度和视角仔细研究场景中光的效果与空间感受,使学生对于空间的研究变得很扎实具体,易于操作(图 2-29)。

3. 光的处理

这个层面的核心问题是光的处理技术问题,例如如何进行光的引入与遮蔽,如何针对不同朝向进行不同的光线处理,如何将光和通风相结合等问题。

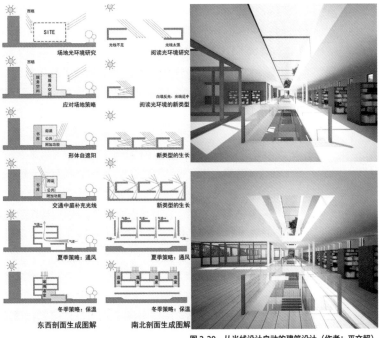

图 2-29　从光线设计启动的建筑设计(作者:巫文超)

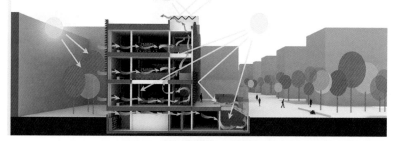

图 2-30　场地－建筑剖面：体现图书馆设计中光的处理问题（作者：钟强）

图 2-30 的案例中可以看出学生对于光线处理知识的综合运用。

首先是通过采光中庭和采光天窗的设置，将顶窗采来的柔和光线引入建筑深处。在图书馆建筑的基本部分设置了错落布置的两个中庭，一个朝向东侧景观面，正对花园，为二三层贯通，另一个位于建筑中部，为一二层贯通。这两个中庭的错落布置将三楼顶窗采来的天光可以一直引至建筑一楼的中部，使建筑内部的光线明亮而柔和。东侧中庭顶部的防晒装置又可以将过多的光线反射出去。位于广场上的采光窗白天可以将光线引入下部的展览空间，晚上又可以将室内的光线映射出来，为广场提供照明，同时采光窗本身在夜晚也可以成为发光的雕塑，成为广场上的景观中心。

其次是各个界面材质的处理，使进入室内的光线经过过滤变得柔和。建筑外界面除了位于二三楼的东侧的采光中庭是透明玻璃材质之外，建筑主要空间外侧均覆盖以木百叶。百叶的质感柔和而温暖，很适合图书空间的氛围。在朝西一侧，除了百叶之外，还新种植有绿色植物，绿色植物可以帮助百叶解决西晒的问题。在朝南一侧，原有树木的保留也起到了较好的遮阴作用。朝东面由于景观很好，所以仅以百叶遮阳，以便更多地引入东侧花园的景观。

最后，这些采光设施的设计也促进了建筑内部的通风，设计者在适当的地方设置有通风口来促进室内风环境的循环，使室内的微气候环境更加宜人。

4. 图书绿色设计教案的思考

在东南大学建筑学院的整个绿色建筑设计教案中，图书馆设计只是其中一环。对于绿色建筑教案的整体把握和知识点分布为图书馆绿色设计教案的深入发展提供了良好的宏观背景。在教学中我们体会到绿色设计不仅是一个新的对于建筑未来发展很重要的知识点，更是一个可以帮助学生有效率地深入方案设计的一个非常好的立足点，可以使抽象的空间设计因为有了一个好的着眼点而变得非常扎实具体，便于操作。本教案获得 2013 年度全国高等学校建筑学科专业指导委员会优秀教案，报送的两份作业（作者邵星宇、巫文超）均获得优秀作业。在今后的教学中，我们会继续在如何将绿色设计与教学相结合方面进行深入的研究和探讨。

2.5.4 优秀作业

1. 光之台阶

学生：
邵星宇
指导教师：
吴锦绣

教师点评： 该设计的出发点是最大限度地减小新的设计对于周围环境的影响。图书馆的体量被分化为阅览空间和藏书空间两大块，阅览室等相对公共的空间被放置在临近小区道路的大台阶下面，大台阶上面则成为社区居民休息娱乐的空间。此举不仅最大限度地减少了建筑体量对于北侧女生宿舍的采光和视线上的影响，也使得社区阅览室获得屋顶采光而且更加安静。基于数值模拟分析的量化研究使得设计思路更加理性和清晰。

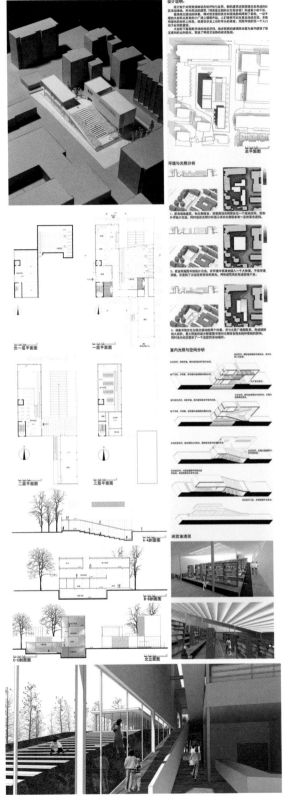

图 2-31 优秀作业《光之台阶》（作者：邵星宇）

2. 光之腔体

学生：
巫文超
指导教师：
陈晓扬

教师点评： 该设计依据形体推演的逻辑，采取减法操作，将简单方盒子一步步进行空间分化。置入虚的腔体是其典型空间操作方法，如底层横向透明的腔体、交通厅狭长的贯通腔体、单元重复的竖向天井腔体。该设计基本诠释了空间操作的内在逻辑，不同腔体对应不同的行为属性，而且也是光的容器，风的通道。

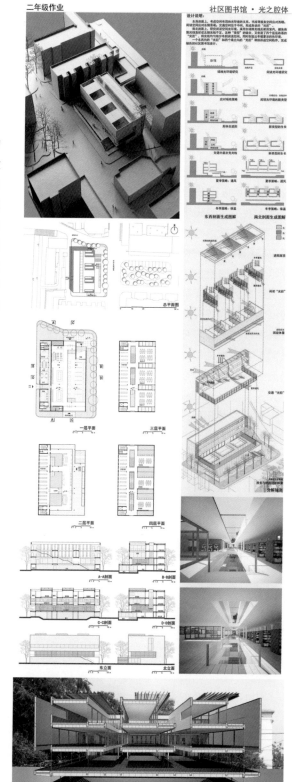

图 2-32　优秀作业《光之腔体》（作者：亚文超）

（本节内容是根据吴锦绣主持的二年级绿色复合空间设计课程的教案发展而来，由吴锦绣和陈涵编写完成。）

三年级

空间与技术 II——主被动结合设计

概述

1. 基于整体环境观的建筑教育理念

三年级建筑设计是以"空间研究"为核心的基础阶段之收官，是承上启下的提升和综合阶段，也是设计由抽象训练到具体落实的过程。东南大学2010年以前的三年级建筑设计课程较为侧重抽象的空间设计与操作过程，而对空间使用主体、建筑环境问题、可持续发展的需要等相对忽视。绿色建筑设计教学正是基于生态优先、资源和环境自觉的理念，发展与修正了原有专注于空间的教案和教学方法。其目标着眼于培养未来建筑师的整体环境观和可持续性思维，构建较为完备的绿色城市与建筑的知识体系以探索绿色设计创新的能力。

整体而言，设计教学仍以现代建筑及其当代发展的理论与实践为基础，但顺应学科趋势与社会发展，在以空间问题为引领的同时更多关注于环境制约性、社会人文性和物质技术性。依照 Kenneth Frampton 的定义，建筑的最终形式是从类型学（人群、社会、文化、功能等）、筑造学（科学、材料、工艺、能源等）及地形学（基地、方位、城市／村镇、可持续性等）三个方面的多层次因素制约决定的（图3-1）在这样的认知背景下，理解建筑设计以人为核心的空间议题是解决设计问题的载体，技术是实现空间设计的有力支撑，可持续性则是设计的根本目标之一。强调整体环境观的绿色建筑设计将原来的抽象空间训练转换为从人本性体验和物质性建构两个方面来赋予其设计实质。

具体而言，一年级的绿色建筑基础教学是以培养可持续发展理念为目标、二年级侧重绿色建筑被动式设计方法的学习和训练，三年级则进阶到关注绿色建筑空间与技术的整合与创新能力的培养，侧重被动式与主动式技术的整合设计，并引入计算机模拟技术辅助空间设计以量化并提升室内物理环境的质量。

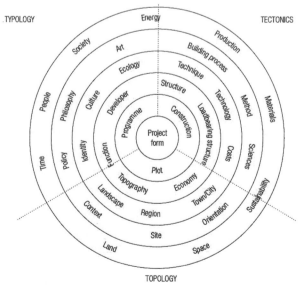

图3-1　建筑形式的影响因素　（图片来源：建构建筑手册，（瑞士）安德烈·德普拉泽斯，大连理工大学出版社，2007.01）

每一个具体课题都有明确的对象人群、特定需求以及特定类型的城市／自然环境，对材料和结构的认识则强调从空间建构而不是物性特征出发。学生在分析设计问题和建立相应空间模式的基础上，更加强调空间概念的人本意义和技术实现手段的探索，从而建立"人－空间－技术"三位一体的整体建筑观，并初步掌握大中型建筑的主被动技术结合的绿色设计方法和职业综合能力（图3-2）。"空间调节"，强调通过建筑空间与构造设计实现绿色设计，而技术不应是设计的后续补充，技术的主动运用与整合是对空间设计的促进和支撑。

在教学过程中对"人－建筑－自然"的关系加以梳理与反思，针对不同的设计课题，要求学生"不仅要会判断地段和地形特征、气候、文化背景及项目大纲的要求和提供的机会，还要会在设计过程中寻求空间策略"。例如，"化学实验中心"围绕秩序空间的形成，要求充分考虑场地的气候条件，处理好建筑物的方位、朝向与布局；合理组织建筑形体，创造良好的通风对流环境，建立各试验室空间的自然空气循环系统（图3-3）；增大自然采光系数，确保各实验空间高质量的自然采光条件；在可能的条件下尽量利用太阳能或地源热泵等可再生能源系统。再以"山地和平纪念中心"为例，要求学生尽可能地尊重场地的地形地貌特征，建筑体型与体量应与山地协调；充分发挥坡地建筑的特点，尽量少"触摸地球"，减少土方开采量与植被破坏，降低地质次生灾害发生的可能性；针对山地特点，建立建筑屋顶绿化系统与雨水回收系统（图3-4）等。

• 教案框架深化

关键词；主题化；关联性

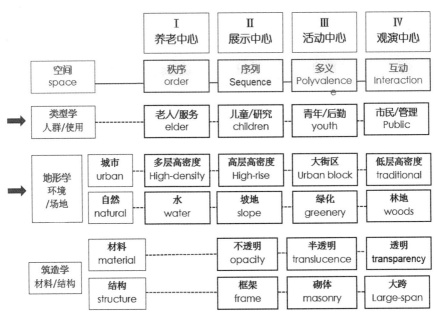

图3-2　三年级设计教学框图

生物实验中心　　　学生姓名：刘丹萍
　　　　　　　　　指导教师：徐小东

总平面

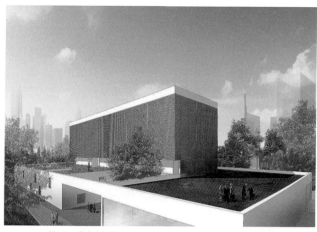

图 3-3　生态空间核与双层表皮呼吸系统（作者：刘丹萍，指导教师：徐小东）

山地建筑设计——和平纪念中心　　　学生姓名：季欣
　　　　　　　　　　　　　　　　指导教师：鲍莉

总平

图 3-4　因地制宜的形体设计（作者：季欣，指导教师：鲍莉）

2. 培养全面融合的绿色建筑综合设计能力

　　绿色建筑教学相关的内容不仅限于建筑学单个学科的范畴，对工程技术、自然科学与人文科学等不同学科与专业领域的知识也有所涉猎。宏观尺度上依赖建筑、规划与景观的整体影响与作用，中微观尺度上则与建筑物理、建筑材料、建筑构造与建筑设备等专业密不可分。这就要求绿色建筑设计必须针对这一综合性特点，协调、融贯建筑学科与相关学科及专业技术的知识，培养学生全面融合的整体认知与综合设计能力。

　　以"文化艺术中心设计"为例，这是绿色设计能力全面深化与拓展的课题。之前的三个课题主要引导学生从节能、节地、节水、节材出发，学习尽可能少地依赖建筑设备来实现舒适的室内空间环境。这个课题中，由于观演空间特殊的声学、视线要求，不可能完全依靠自然手段满足演出要求，因此观演部分利用中央空调系统，其他公共空间、办公、LOFT 等部分尽可能采用自然通风与采光，主被动相结合的方法，达到"空气调节"与"空间调节"的有机结合。通过教学，学生也对设备空间及设备管线系统的性能与要求都有了初步了解，学会如何采用综合的技术方法满足室内空间舒适性。

在课程设计理论课阶段与期末大评图阶段学院还聘请设计院有丰富实践经验的老师作报告或现场讲评，进一步加深学生对绿色建筑如何采用综合的技术方法满足室内空间舒适性的要求有全面、综合的认识与把握。

3. 施行空间与技术并行的"双轨"教学

为培养全面融合的综合设计能力，三年级绿色建筑设计教学立足转变传统建筑学教育"轻技重艺"的教学观念。自 2010 年以来，通过施行建筑空间操作与技术支撑并行的"双轨"模式，将绿色理念、节能技术作为设计的重要环节融入建筑设计课程中，打通与设计课题联动的建筑技术知识模块（物理、构造等），处理好设计课程与技术课程的交叉融合、空间建构与技术支撑的有机衔接。"双轨"教学强化并实现了设计的综合性和实践性训练，使设计课程真正起到主干核心的作用。这样既有利于拓展学生的专业视野，也利于不同研究领域的教师之间相互交流与合作。

通常，主讲绿色建筑设计的老师自身在建筑可持续发展方向有一定的研究积累，在课程设计期间会作与绿色建筑设计相关的讲座 2~3 次，研究生助教也会进行 1~2 次的绿色建筑案例讲评，这样学生能较快地储备相关知识，了解当前学科发展前沿和最新的技术资讯，为开展绿色设计打下基础。

与此同时，针对不同教案还会邀请建筑物理、建筑设备与建筑结构等相关专业的老师参与到设计教学中来。以"化学实验中心"为例，在课题的教学过程中，邀请了建筑物理老师讲授 Ecotech、CFD 等软件的使用，引导学生在设计过程中通过软件模拟不断调适与改善实验室空间的物理性能与舒适度，并在此基础上对方案进行优化与改善，而不仅仅是设计结束后的成果检验。在"前工院旧建筑再利用"的教学过程中，改造涉及墙体与屋顶保温与隔热性能提升、结构维护与加固等技术问题，则请构造老师、结构老师传授旧建筑结构加固、新老结构衔接的技术要点与方法等（图 3-5）。

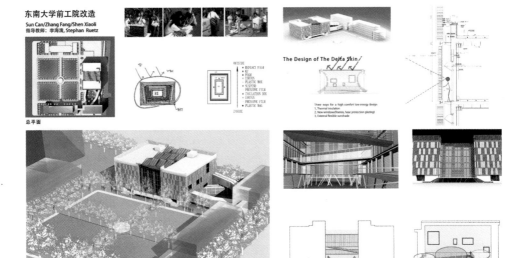

图 3-5 旧建筑表皮更新与再生（作者：孙灿，张芳，沈晓莉，指导教师：李海清，Stephan Ruetz）

3.2
教学内容与模式

3.2.1 教学内容

　　绿色不是额外的标签，必须回归设计。绿色设计，实质是在讨论与环境、能源、资源相关联的设计本质。三年级绿色建筑设计的教学内容是在原有教学框架和训练重点上做了更有针对性和相关性的内容拓展，突出了主动式技术与被动式设计的结合。

　　具体课题中，单元性功能建筑强调秩序空间，同时重点关注设备空间的组织、应对气候的形体及表皮系统设计，鼓励计算机模拟辅助风环境设计；坡地建筑强调序列空间的同时，引导学生讨论地形的利用设计、适应地形的空间结构、场地排水系统组织及自然光的利用以营造特殊空间氛围的作用，借助计算机模拟辅助光环境设计；既有建筑改造强调多义空间的功能重组、空间重构的同时关注建筑性能的提升及技术实施，强调围护结构的设计，计算机模拟辅助热环境设计；大型综合性课题训练互动空间设计的同时，强调主被动技术的综合性运用及与城市层面绿色概念和技术的衔接，并运用计算机模拟剧场空间声环境设计。

3.2.2 教学框架

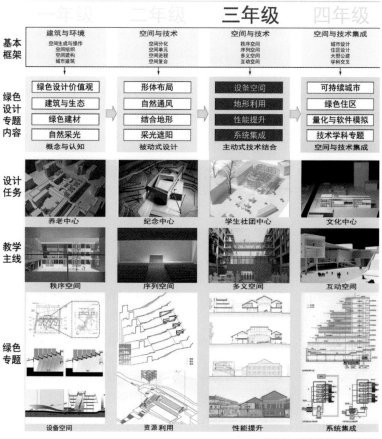

图 3-6　三年级绿色设计教学框架

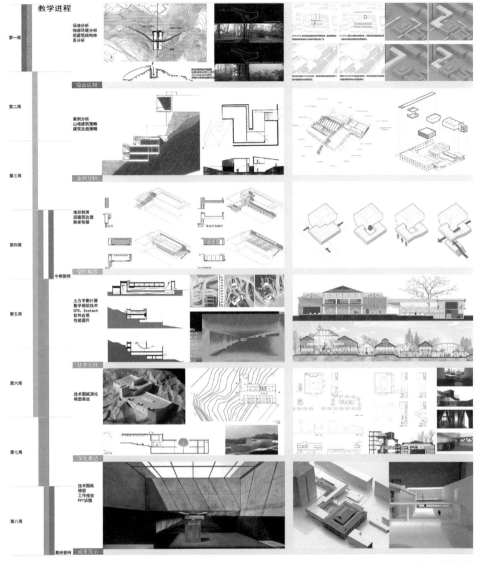

图3-7 教学进程

3.2.3 集成式教学

三年级设计教学伴随着建筑技术和建筑史两大类主干课程的全面展开，学生的学业负担也陡然增加。但学生对技术类课程普遍缺乏学习热情，同时设计课程在物质技术维度的深度也难以取得实质性突破。

在2010年以来设计与技术的"双轨模式"运行的基础上，自2016～2017学年，全面尝试"设计＋技术"的集成式绿色设计教学模式，明确以建筑设计为相关课程集成的核心平台，在这个核心平台上统筹各课程的知识点布局、教程衔接插口和链接方式、成果要素及评价方法。首先，联合教案不仅在建筑设计成果的内容和深度上综合了结构、构造、物理和设备的多项要求，而且在教学进程上改变了各技术课程仅仅依据自身内部逻辑分别进行知识点布局的传统，由此形成了以问题为牵引、以设计实践为载体的多知识点交互关联的网络化学习和创新性运用的语境。技术类知识点由设计课程主讲老师与各技术课程教师共同协商设置，基本涵盖了技术类课程中的主干内容。每一项设计任务书选择适宜的建筑类型及其技术要求对应各类技术知识板块和知识点，并按照循序渐进的原则控制课程设计的复杂程度。新教案突显了技术知识在设计中的重要性和必要性，使知识运用成为技术类课程的学习动力。

实践表明，技术与设计的课程群集成教学在绿色建筑设计的主动技术的系统整合方面取得了积极成效。新的集成式教学改变了既有的教学方式。传统的技术类课程教学以集中上大课为主要授课方法，其基本特征是以主讲教师为核心的单向知识传授。而在技术与设计的课程群集成教学中，大课授课与小组研讨课互为补充；技术类课程教师主导的知识传递转向师生互动的面向设计问题的研讨。技术类课程教师在教学集成中表现积极踊跃，越来越多地参与小组设计研讨，实现"课堂翻转"，使得授课方式更加多元而有效。

技术课程与设计课程的集成最终体现于联合课程群的成果形式及考核方式。我们将技术知识在设计中的运用成果作为各相关技术课程成绩评判的重要构成，在设计评图和成果考核中，技术课教师与设计教师通过联合答辩、分项权重、总分调节等方式进行综合评价。新的成果评价机制促使学生转变重形式、轻技术的片面观念，有效推动了建筑设计教学在技术维度上的推进。

3.3 设备空间

路易斯·康提出的"服务与被服务空间"是普适性的对建筑主、次空间的定位,亦是其空间组织的基本概念架构。其中的服务空间包括功能性服务空间,如卫生间、储藏室等,以及设备管线通过的空间。前者往往会与主要使用空间一道设计,而后者则往往在设计之初的空间构成及功能组织阶段所忽略,后期再补充时易产生冲突。因此在设计之初,就充分考虑设备空间与建筑空间的整合设计,本质上是对支撑建筑正常运转、保证功能空间舒适度所必需的能耗系统的空间性组织。

3.3.1 教学要求

1. 教学目标

建筑设备是指建筑物内为满足建筑物的使用者生活、生产和工作的需要,提供卫生、安全而舒适的生活或工作环境的各种设施和设备系统的总称。与建筑空间设计关联密切的建筑设备一般包括给排水、供电供热、通风空调、采光照明及消防设施等。正如人体是一个有机的整体由多个系统组成并维持人体的生理机能和生命活动,建筑的运作同样离不开通风空调系统、供暖系统、电气系统、给排水系统的协调配合。建筑设备是建筑的必要组成部分。而且随着现代建筑的不断发展,对空间质量的要求不断提高,建筑设备在现代建筑中位置也越来越重要。

设备空间是建筑设备管线管网敷设通过所需要的空间,其空间自成体系,具有水平及垂直向上的连贯性,同时特殊的设备空间需要相应的面积和位置需求。这个从属性的空间系统常常被建筑师有意无意地忽略,但却又是无法回避的。本课题旨在帮助学生建立起设备空间的概念,探索并理解"空间模式 + 技术整合"设计的方法和意义。

2. 教学内容

(1) 建筑设备与空间类型

1) 通风空调系统:通风空调设备组成的系统相当于人体的呼吸系统。空气在建筑物中循环更新,调节室内的温湿度,以达到适宜工作和生活的空间环境。包括通风设备和空气调节设备。

2) 暖通系统:暖通系统相当于人体的消化系统。暖通设备通过管道将热量输送到各个建筑空间,以达到建筑室内适宜的温度和所需的燃料。包括供暖设备和燃气供应设备。

3) 电气系统:人体的神经网络遍布全身来维持人体的活动与运作。相似地,建筑中遍布着无数的电线、电话线、网络线路等,它们为建筑的运作提供必要的能量与信息。包括供配电设备、电气照明设备和弱电设备。

4) 给排水系统:建筑中的给排水系统相当于人体的泌尿系统。建筑的给水系统将日常所需的用水引向建筑,排水系统将建筑中产生的生活废水排出建筑。包括给水设备和排水设备。

（2）设备空间类型

按照设备所起的作用以及设备空间的位置，可以将其分为三大类：初始端设备空间、中端设备空间和末端设备空间。分别代表了建筑设备系统在进行物质、信息、能量交换时不同阶段所使用的不同空间。初始端设备空间指的是管道输出的最初点，一般为各类型的设备室；中端设备空间指沟槽、管道空间等连接物质能源供给端和输出端的中间部分；末端设备空间指物质能量交换出入口及设备控制端口。

（3）设备空间的布置原则

1）经济性：由于建筑设备工程本身的复杂性和建筑师主观上对设备空间的排斥，综合管线与设备多被认为是后期的配合，挤占空间或是破坏原本空间设计的纯粹性。而设备与建筑空间优化整合设计可以提升空间使用效率，从而节约有限的建筑空间，降低建筑的建造成本。

2）合理性：建筑设计的目的是"创造更合理的生存方式"。虽然设备空间不是人直接使用的，但直接影响到被服务的"人的使用空间"的良好运行及物理品质，因此同样需要进行合理的精细化设计。合理的设备管线布置与设备空间组织会对建筑的使用品质产生积极影响。

3）易检修：建筑设备系统的正常运转是维持整个建筑物在生命周期内正常运行的必要条件，而整个设备系统在运行期间同样需要进行定期的检修维护。因此，建筑中的设备空间不仅要能够容纳各类型设备、管线，同时也要保证在建成后能对放置其中的设备进行有效维修保养。

4）可持续性：新的设备和功能会不断地加入到原有的建筑体系中去，也可能因为未来建筑功能的转变要求对建筑设备做出相应的调整。建筑师必须在设计之初就将这些可能性考虑在内，在满足基本使用空间的基础上合理设置一定的冗余空间，以保证在未来进行建筑设备的升级改造时不会因为空间不足而造成不必要的麻烦。

（4）设备空间的布置策略

通常建筑设备空间主要分为四个部分：竖向设备空间、横向设备空间、地下设备空间和水平设备层（图3-8）。其中，竖向设备空间是整个建筑的

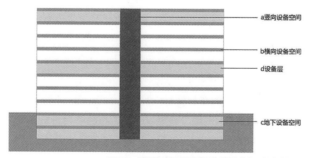

图3-8　建筑设备空间主要部分（图片来源：作者自绘）

能源和代谢的主干；水平设备空间是分支；地下设备空间一般与地下停车库相结合。在复杂的，尤其复合功能的高层塔楼中，常常专设设备层用以布置水电、暖通等各专业设备的用房，一般与避难层相结合，同时要考虑大型设备机组的散热问题。

1）竖向设备空间的布置策略

竖向设备空间通常是设备系统的主干，其布局位置受很多因素的影响，如不同的建筑类别（居住建筑、商场、实验楼、医院、办公建筑等）、平面形式（矩形、多边形、蝶形、圆形、不规则形等）、结构形式（砌体结构、框架结构、剪力墙、框剪结构、双层墙或双楼板等）以及不同的形体造型等，但任何形式的竖向设备空间的布置都应尽量满足上下对位，经济高效的原则。

在进行建筑空间设计的同时，需要综合考虑建筑的功能定位、空间模式、结构类型等方面因素，选择恰当的竖向设备空间的排布位置、尺寸及形式，使之既可以成为空间限定的要素，还可以更为积极地与立面体型相结合而成为形体造型的要素。

2）横向设备空间的布置策略

相对于主干的竖向设备空间，横向设备空间是联通各个房间的分支，与建筑的层高设计相关。各类横向设备管线的敷设对空间的高度要求不同，尤其是空调系统包括主管、干管、支管和送回风口等，其管道截面积有尺寸要求，故其布局所需空间较高，会导致吊顶高度变大，压低了使用空间，需要格外关注。

在设计过程中，建筑师可以从人的行为空间尺度出发，根据横向设备的空间需求反推到结构层高，从而在保证管线系统功能正常运转的前提下，可以合理敷设管线，解决好吊顶与结构、设备管线的关系，节约成本，也保证吊顶以下使用空间的尺度宜人。

3）地下设备空间的布置策略

建筑设备中有很大一部分都会布置在建筑的地下层空间，因此设备用房也是决定地库组成的一个重要部分。设备用房一般尽量设置在主体结构或高层塔楼的结构范围内，以缩短地下设备用房和上部管线间的联系距离，并可充分利用塔楼下部由于结构体形成的难以停车的空间，使地下空间利用最大化。

在布置地下设备空间时除了要考虑各种机房的大小、位置以及与其他功能的关系之外，防火分区和交通疏散也是必须要关注的问题。一般设备用房尽量分专业集中设置，若地下层有功能空间时，设备空间尽量设置相对独立的防火分区，其防火分区最大 1000m²，设置自动喷淋系统时，最大 2000m²，每个防火分区至少两个疏散出口。

4) 设备层的布置策略

高层建筑中，由于建筑高度大、层数多，设备所承受的负荷很大，因此各设备系统（给排水、电气、暖通空调等）往往需要按高度进行分区，从而达到保证设备系统运行效率、节约设备管道空间、合理降低设备系统造价的目的。

因此，高层建筑除了地下层和屋顶层外，往往还有必要在中间设置设备层。即在高层建筑的某一楼层，其有效面积全部或大部分用来作为空调、给排水、电气、电梯机房等设备的布置。其具体位置，需结合建筑的使用功能、结构布置、电梯分区（高低速竖向分区），空调方式、给排水方式等因素综合考虑。一般将竖向负荷分区用的设备放在中间层，使能耗输出点尽可能位于相同能耗分区的负荷中心位置，减少管线连接的长度，避免管线走位的混乱；而将利用重力差的设备，或体积较大、散热量大、需要对外换气的设备放在建筑的最上层。

设备层的楼层位置、建筑层高、结构选型以及围护表皮的材料质感等，都可以成为建筑形体和立面设计和造型的重要要素，对于其清晰的表达正是建构的体现。

3.3.2 典型教案

由于设备空间讲求科学与效率，与秩序性空间模式的设计主题较为吻合，因此，在近年来的教学实践中，先后选择了校园环境里的生物／化学实验研究中心和社区环境中的社区养老服务中心作为功能类型载体。这两种类型的建筑空间都有较为具体定量的设备及设备空间的要求，有利于训练学生对设备空间的认知及整合设计的能力。

社区养老服务中心（2013-2014 年度秋季学期）
指导教师: 鲍莉 唐斌 陈宇 刘捷 夏兵 邓浩 薛力

徐小东 唐芃 周霖 俞传飞 屠苏南

助　　教: 焦李欣 丁心慧

日　　期: 2013.9.16-11.10

1. 课程设置与目的
（1）设计高密度城市中心区中的社区养老服务中心，培养对社区公共生活与空间的敏感性，初步掌握建成环境中新建公共建筑的设计原理和方法。

（2）学习空间、功能、结构、场地互动的设计方法。学习分析类型载体的流程和分析场地内外关系的技巧，学习功能配置与结构配置结合的技巧，学习构建空间模式，组织空间秩序的技巧。

（3）了解设备空间的组成及要求，学习有效组织设备空间并与建筑空间及形体进行整合的设计方法。

（4）培养利用手工模型进行快速推敲方案的能力。培养快速入手、多轮反复、逐轮深入的工作习惯。培养图纸、模型、设计对象之间想象的能力和把握秩序的能力。

2. 基地

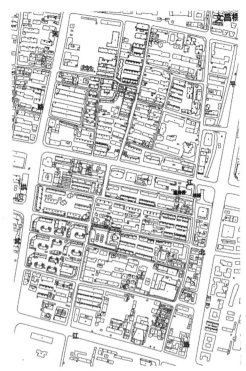

图 3-9　场地环境

3. 项目任务书

　　项目选址南京市中心区的既有居住区秦巷小区及香铺营小区，新建社区养老服务中心一所，以服务于周边的老年居民。周边建筑为民宅，故新建建筑需考虑日照的相互影响，并满足无障碍要求。

　　要求根据基地条件、使用人群及功能使用进行场地和建筑设计，注重与周边建筑的关系，注重使用与空间、建筑与环境间的互动关系，合理组织流线，创造出良好的公共空间。

　　总建筑面积 3300m^2（±10%）之间，建筑密度不超过 40%。以下为使用面积：

　　（1）公共活动　（约 400 m^2）

　　　　多功能厅：　　160 m^2

　　　　餐厅 / 茶室：　80 m^2

　　　　医疗室：　　　20 m^2

　　　　心理疏导：　　20 m^2

　　　　康复室：　　　40 m^2

　　　　网络：　　　　40 m^2

　　　　音乐：　　　　40 m^2

　　　　图书：　　　　40 m^2

　　　　书画：　　　　40 m^2

　　　　棋牌：　　　　20 m^2 x 2

　　　　会见室：　　　20 m^2 x 2

（2）生活用房（约 1000 m²）

日托居室（含独立卫生间）：　　30 m² x 12

全托居住（含独立卫生间）：　　30 m² x 12（15）（满足日照要求）

全托居住起居室：　　30 m² x 6（5）

厨房：　　60 m²

洗衣房：　　60 m²

（3）管理用房（约 200 m²）

办公室：　　20 m² x 3

会议室：　　40 m²

日夜值班室：　　20 m² x 2

库房：　　20 m² x 2

设备间：　　20 m²

（4）社区商业用房（约 500 m²）

（5）公共部分

门厅、休息、卫生间、连廊、交通等，面积酌情设置

（6）室外场地

硬地活动场地，不小于 300 m²；园艺苗圃，面积自定。

合理组织人流、货流，注重与周边建筑的关系。

基地内大树酌情保留，避让距离 4m 以上。

机动车停车位 4 个。

4. 成果要求

以下为最终要求，平时成果要求见课程进度安排表，图纸版面为 A1。

（1）总平面图 1:500。

（2）平面图（各层）1:200。

（3）立面图（不少于两个）1:200 。

（4）剖面图（不少于两个）1:200 。

（5）主要空间表现图（室内、室外均有）。

（6）技术经济指标（建筑面积，容积率、覆盖率、绿地率、高度等）。

（7）分析图（日照分析，场地组织模式、空间模式、结构模式，设备空间体系，余者自定）。

（8）手工模型，概念模型 1:500；建筑模型 1:200；居住单元放大模型（带家具及室内隔断，表达结构及围护体系层次）不小于1:50；过程模型若干，自定。

（9）PPT 文件（完整成果）。

（10）工作手册（调研报告、各阶段成果汇总，InDesign 排版，PDF文件）。

5. 参考文献

[1] [美]D. 沃奇 / 帕金斯与威尔公司 . 研究实验室建筑 . 北京 : 中国建工出版社, 2004.

[2]（瑞士）安德烈·德普拉泽斯.建构建筑手册：材料.过程.结构.
大连：大连理工大学出版社，2007.

[3] 建筑设计资料集.北京：中国建筑工业出版社.

[4]《老年养护院建设标准》（建筑标144-201）.中华人民共和国民
政部.北京：中国计划出版社，2011.

[5]《社区老年人日间照料中心建设标准》（建筑标144-201）.中华
人民共和国民政部.北京：中国计划出版社，2011.

[6]《养老设施建筑设计规范》（GB 50867—2013）.北京：中国建筑
工业出版社，2013.

[7] 周燕珉.老年住宅.北京：中国建筑工业出版社，2011.

3.3.3 教学组织

1. 理论授课

课题时长一般为八周，期间先后会穿插安排若干次理论授课，包括课程提要：城市与建筑、设计方法1：类型建筑的设计（如实验室、养老中心等）、设计方法2：秩序性空间设计、设备空间的整合设计、设计与表达等，涵盖空间设计、绿色专项技术设计、主题成果表达等方面。

2. 案例研究

设计相关问题都可以归结为某些具体类型，而相近类型的先例研究是学习设计的重要辅助手段，因此引导学生学会选择恰当的案例展开有效的分析是向大师学习、也是自主学习的重要途径。每个课题都会要求参加教学实践的研究生助教们准备4～5个主题性的案例研究，如"设计过程与绿色节能设计"(2010)、"实验室设计案例分析：环境"(2011)、"实验室设计案例分析：功能空间"(2011)、"空间类型案例分析"(2012)、Ecotect应用之遮阳分析（2013）、"基于环境的建筑案例分析"（2014）等。

除此之外，每位同学尚需合作完成一个可资借鉴案例分析，例如类似的建筑类型、接近的城市环境与建设规模，尤其是关于"服务与被服务空间"的空间模式、设备空间的巧妙设计、空间与技术的整体设计等。这通常需要通过手工模型、图纸重绘和分析图解来完成。在制作模型的过程中充分解读作者的意图、作品的巧思，并代入、转化为自己的设计作品之中。

3. 课程进度表

课程第一周通常为快图。以快速设计的方式让学生迅速切入设计的主题，并对设计的任务、环境有个整体认知，以新鲜的眼睛和思维激发整体的概念构思，并且用徒手的快图方式和草模表达出来。有些优秀的作品恰恰就是在这第一周的快图练习中诞生的。

具体的阶段性任务及要求详见课程进度表。

周次	阶段性质	时间	上课安排	作业要求	课程重点
1	9/16—9/22 综合认知	9/17	8：00—9：30上课（课程概要，设计方法1，任务书讲解）9：45—12：00 场地调研	养老机构调研	1. 熟悉课题要求与地形 2. 练习快图与模型，训练快速动手能力 3. 针对场地及特定人群的调研与体验
		9/22（中秋调休）	8：00-9：00上课 典例讲评 评快图	7：45前交手绘快图一份（A1图幅，1:300平立剖，1:500总图，其余自定。）1:500方案手工实物模型 各组1:500场地环境实物模型各一	
2	9/23—9/29 方案构思	9/24	8：00-8：45上课（设计方法2）分组讨论	调研报告，PPT	1. 查阅资料，学习典例 2. 提出环境模式 3. 提出功能模式 4. 提出空间模式
		9/27	分组改图	1：500实物方案模型 各组典例手工模型 各组1:200基地实物模型	
3	9/30-10/6		国庆放假		
4	10/7—10/13 方案定型 I	10/8	分组改图	1:200模型，1:500总图，1:200平立剖	1. 空间—功能—场地循环深入 2. 明确空间模式，建立空间秩序 3. 提出结构模式与服务空间模式
		10/11	中期评图	每人交PPT、1：200手工实物模型、1：200平立剖、1：500总图（A3计算机图）	
5	10/14—10/20 方案定型 II	10/15	分组改图		
		10/18	分组改图		
6	10/21—10/27 方案深化 I	10/22	分组改图		1. 研究重要空间节点 2. 研究设备空间组织及细部放大
		10/25	分组改图	1:50单元放大研究	
7	10/28—11/3 方案深化 II	10/29	讲课：设计与表达1 分组改图		1. 梳理表达线索 2. 平立剖定稿 3. 分析图纸、模型定稿
		11/1	分组改图	每人交A1定稿图	
8	11/4—11/10 方案表现	11/5	成果表达		1. 排版、制作成果模型 2. 陈述准备
		11/8	成果表达	详见任务书	
	最终评图	11/10	递交最终成果	最终成果要求	

3.3.4 优秀作业

1. 生物实验中心

学生：
刘丹萍
指导教师：
徐小东

教师点评： 方案构思总体上与基地契合，较好地贯彻了绿色可持续发展的理念。首先，在平面布局上，因地制宜，结合场地内须予以保留的较大树木，合理组织适宜尺度的树院、水院和草院，加强庭院的自然通风、采光能力，尽可能提供自然舒适的室内外空间。其次，在功能分区上，采用垂直分层的布局模式，一层为人流和使用频率较大的功能空间，如门厅、图书资料、休闲空间等，二～四层为标准的实验单元，有利于减少垂直交通压力。第三，在建筑外立面处理的时候，尽可能采用双层表皮的做法，强化垂直通风，增强室内通风效果，同时，也可以起到很好的遮阳作用，减少能源消耗。最后，结合实验中心的单元布局模式，科学架构了各类管道与设备系统，设计出垂直及水平管道空间系统，并有意识地利用垂直设备空间作为空间的划分要素，也强化了空间单元的特征。整个方案总体上较好地完成了绿色设计教学要求与目标。

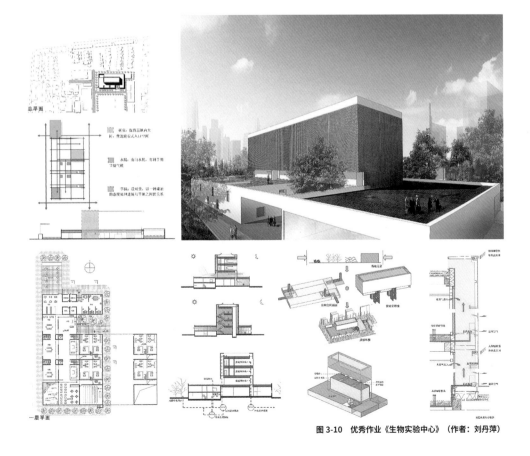

图 3-10　优秀作业《生物实验中心》（作者：刘丹萍）

2.《社区养老中心》2015

学生：
吕颖洁
指导教师：
唐斌

教师点评：该作业从城市空间肌理关系的建构出发，建立了基底与上层两种不同层面的肌理格局。其中上层肌理结构顺应城市住区的分布规则，基底层面则限定了建筑与街道的空间关系。通过引入两个内院的操作，将公共使用区域进行了功能上的分解：沿街部分提供社区服务，内向部分满足养老中心的公共性活动。具有引导性的连接通道既方便了社区人群的进入，也避免了视线与行为的完全通透。同时，两个内院分别对应上部的日托和全托组团，形成了相对明确的动静定义。

在单元设计方面，该作业并未选择相对经济的背靠背布局，通过对居室单元平面的纵横向空间分化，强化其单元性特征及结构逻辑。同时，该同

图3-11 优秀作业《社区养老中心》（作者：吕颖洁）

学通过立面节奏性的虚实变化，对居室单元的类型加以标识，并关注于不同体块的材料建构逻辑，使其符合特定对象人群的生理、心理需求，在理性的操作之下，体现了较强的人文关怀。

　　该设计在细部设计层面具备了较高的设计完成度。首先，该同学将空间设计与设备设计同步，在层高的确定、空调类型选择、纵横向管线铺设、管井预留等方面做了较为精细的设计，设备系统设计合理。其次，在设计中建筑空间设计与室内设计同步。对内部材料、做法方面做了深入的考虑，如走廊剖透视图中所示，该同学较为细致地研究了吊顶铺设方式，内墙面的开窗方法，防护扶手及轮椅挡板位置等无障碍设计内容。再者，该同学将建筑外墙面的性能化设计与空间氛围营造相结合，创造了宜人的室内外环境品质。其中连廊部位，结合幕墙玻璃设计了种植花槽，在保证视线通透性的同时，产生了温馨的光照效果。在居室单元部分的木构格栅既体现了单元逻辑性的审美要求，又能提高落地玻璃窗的热工性能。

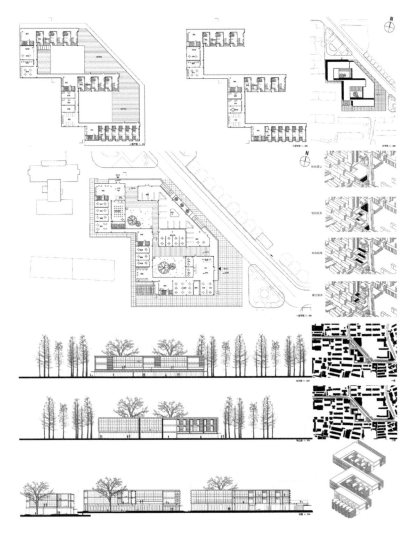

3.4
资源利用

3.4.1 教学要求

1. 教学目标

设计如何结合自然，如何有效利用自然资源和可持续能源是绿色建筑设计的核心议题之一。本课题选择自然环境中的坡地作为场地背景，结合叙事性的序列空间设计主题，让学生了解生态保育的概念，并学会从土地、水文资源的利用、绿植的保护、结合地形的排水组织、光线处理等方面切入流线、空间、结构和形体设计。

2. 教学内容

以资源利用为绿色设计训练目标的这一课题，先后选择了公园坡地上纪念性的和平纪念中心和游览性的自然展示馆作为功能载体，这两类建筑的空间组织都具有序列性，且建筑与环境、室内与室外空间关系都可以成为甚至强化这一空间序列的特征，而这些也正是结合自然的绿色设计所需要重点关注的内容。

具体教学内容包括：场地调研与生态研究；绿色为导向的总体设计；结合坡地的空间设计；绿色技术初步。第一项是绿色设计要求的基础，第二项是寻找设计的切入点，在整体上让绿色设计要素和其他设计要素从一开始就有很好的结合，第三项是坡地绿色设计的中心，第四项既是在微观上也是在技术层面上保证学生对设计能够落到实处，提高绿色设计工程方面的水平。四个方面的要求从宏观到微观，从整体到局部，构成一个内容完整、层次清晰的自然地形中的绿色设计体系。

（1）场地调研与生态研究

场地是建筑设计的出发点，因此需要深入地调研场地，通过自己的眼睛发现场地的生态特征，设计要求学生深入观察解读场地的自然属性和空间属性，观察自然要素，理解自然的演化规律，找到设计的出发点。从而在构思的一开始，就尽可能意识到最大限度地保护自然和利用自然资源，保护生物的多样性，尊重自然演化的规律，深入理解场地生态系统的各个方面以及运行方式。而这一切，均需建立在多轮次的场地调研、观察和解读之上。

（2）绿色导向的总体设计

坡地绿建设计要求学生在一开始就培养节地、节能、节材、节水的意识，并有效地把这些绿色的概念与建筑的空间、场地概念结合起来。在总体设计中，要考虑到建筑与坡地的关系，对原有生态的保护，原有场地水土如何以新的方式平衡，如何保护原有的场地特征与植被特征，如何有效组织坡地上的排水和雨水流向并与场地景观有机结合，如何有控制地引入自然光线以形成或强化空间序列，营造特殊氛围等。

建筑的总体体量关系在很大程度上决定了绿色设计的效率，通过策划、配置、植物、通风、自然采光等各种方式改善建筑的绿色标准。在不增加造价的前提下，可以大大提高绿色设计的效果。因此绿色导向的总体设计为后续的绿色设计确定了一个有效的框架。

（3）结合坡地的空间设计

剖面设计：坡地建筑首要处理的就是建筑与地形的关系，从剖面入手是研究建筑空间与地形最好的手段。不同坡度下如何利用土地、水文、植被等自然资源有着不同的方法，而强调剖面的设计可以有效地理解功能、流线与坡地的关系，可以比较精确地展开设计过程及其图解，理解竖向维度上各种因素的变化以及竖向维度上各种探索的可能性。

模型操作：尤其在自然环境中的建筑设计推进中，手工模型的作用是比较直观的。利用手工模型与计算机辅助设计结合进行方案深化，形成快速入手，多轮反复，逐渐深入的工作习惯。通过模型提升学生基于环境的认知与构思能力和对建筑气氛、光线、结构和材料的感受力。在整个教学过程中，要求学生从 1：500 的基地模型到 1：200 的建筑模型到 1：50 的室内模型，各种比例都在不同层面上反映空间与坡地的关系。

（4）绿色技术初步

通过讲解自然环境中的被动式与主动式绿色建筑技术的基本知识，启发学生了解设计场地的生态特征，了解保温、通风、隔热、散热等建筑性能的要求，学习并运用水土保护的建构原理和构造技术、有组织排水、透水等的相关技术措施，并学习运用软件模拟建筑室内的光环境和风环境，尝试运用在地性材料、可降解材料和可回收材料，以充分体现及实现设计构思。

3.4.2 典型教案

中山博物馆（2012-2013 年度秋季学期）

指导教师：鲍莉 陈烨 孙茹雁 唐斌 陈宇 刘捷
　　　　　夏兵 邓浩 薛力 徐小东 唐芃 周霖
助　　教：陈向鹏 张雯
日　　期：2012.11.13-2013.01.06

1. 课程设置与目的

（1）南京中山植物园内拟建设一座面向少年儿童的博物馆（主题自定），在指定区域中进行建筑设计及场地设计。要求初步掌握一般博览建筑的设计原理，了解山地建筑设计的基本方法。尊重历史文脉和地域环境特征，以现代手段表达建筑的空间情感和人文特征。

（2）在第一个练习基础上深化学习空间、场地、结构和功能互动的设计方法；学习博览建筑的采光、流线和视线的技术特点；学习利用坡地塑造空间的技巧；学习研究重点部分特殊的光线设计与结构、材料设计的技巧。

（3）培养利用手工模型与计算机辅助设计结合进行方案深化的能力。培养快速入手，多轮反复，逐层次深入的工作习惯。培养基于环境的构思能力和对气氛、光线、结构和材料的感受力。

（4）了解儿童的心理行为特点，熟悉符合儿童尺度和心理需求的空间操作方法，以及儿童对于环境互动的需求。

2. 基地

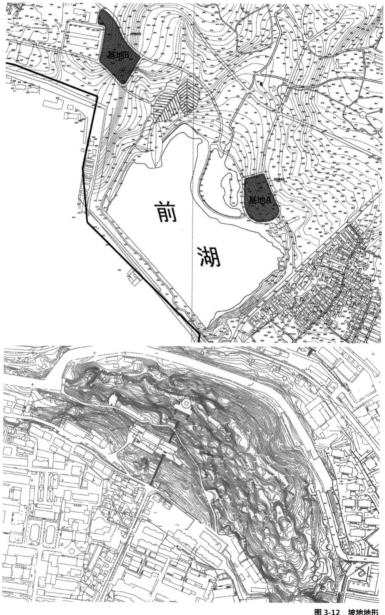

图 3-12　坡地地形

3. 项目任务书

（1）建筑要求

总建筑面积：2200m²（±5%），以下为使用面积。

地上机动车停车场：10辆（内部使用）。

房间及建筑面积分配表：

名称及用途	轴线面积（m²）
综合门厅（序厅）	100
综合展厅（根据需要可设若干个，其中一个为临时展厅）	800
库房	300
多功能厅（可供报告会、放映及演出等活动）	160
儿童互动展厅	300
研究用房若干（包括资料档案室、资料加工室、美工室、修缮等）	100
管理服务用房若干（包括门卫值班、接待室、各类办公、设备等）	100
纪念品售卖	40
其他	300
共计	2200

除此之外，还应根据地形设置室外活动场地（不小于600m²）。

（2）场地要求

注重考虑场地与周边环境的关系。

根据基地不同，选择不同的场地设计方法，合理组织人（观众、解说员和办公人员、研究人员）的流线。

合理组织机动车和非机动车的流线，特别注意后场服务流线。

初步考虑场地内水文、地貌等相关技术措施。

4. 成果要求

以下为最终成果要求，平时成果要求见课程进度安排表，图纸版面为A1。

（1）总平面图 1:500。

（2）平面图（各层）1:200。

（3）立面图（各面）1:200。

（4）剖面图（不少于两个）1:200。

（5）主要空间表现图（室内、室外均有）。

（6）主要空间轴测图。

（7）分析图（地形分析、形态生成分析、空间序列分析、结构模式、余者自定）。

（8）室内外透视图。

（9）手工模型：概念模型 1:500；建筑模型 1:200 模型1个（模型需嵌入基地）。

（10）儿童互动展厅内部模型 1:50。

（11）技术经济指标。

（12）工作手册（调研报告、各阶段成果汇总、InDedign 排版、PDF 文件）。

5. 参考文献

[1] 邹瑚莹、王路、祁斌 . 博物馆建筑设计 . 北京：中国建筑工业出版社，2002.

[2] ［美］亚瑟·罗森布拉特著 . 博物馆建筑 . 周文正译 . 北京：中国建筑工业出版社，2004.

[3] ［日］高桥鹰志 +EBS 组 编著 . 环境行为与空间设计 . 陶新中译，董新生校 . 北京：中国建筑工业出版社，2006.

[4] 卢济威、王海松 . 山地建筑设计 . 北京：中国建筑工业出版社，2001.

3.4.3 教学组织

1. 理论授课

课题时长一般为八周，期间先后会穿插安排若干次理论授课，包括课程提要：自然环境的调研与认知、设计方法 1：建筑与地形设计、设计方法 2：序列性空间设计（纪念性、博览性等）、CFD 模拟风环境技术、设计与表达：山地建筑与空间等，涵盖山地建筑、空间设计、绿色专项技术设计、主题成果表达等方面。

2. 案例研究

与主题相关的案例分析主要也聚焦于建筑与自然环境、坡地与空间、在地建造等，结合每次的功能策划的类型建筑先例等。研究生助教每人准备 1 个主题性的案例研究，如"材料与建造专题－山地版"（2011）、"山地建筑绿色设计案例分析"(2013)、"结构与设计"(2013)、"山地建筑模型的制作和表达"（2012）等。先后有若干位同学在教学实践的基础上进一步深化完成硕士论文的研究。

除此之外，每位同学尚需合作完成一个可资借鉴的案例分析，例如类似的建筑类型、接近的自然环境与建设规模，尤其是关于结合自然的序列空间模式、坡地与建筑的巧妙构形、材料与建造、空间与技术的整体设计等。这通常需要通过手工模型、图纸重绘和分析图解来完成。在制作模型的过程中充分解读作者的意图、作品的巧思，并代入、转化为自己的设计作品。

3. 课程进度表

课程第一周的快速设计，鼓励学生用草模代替草图表达对环境及地形起伏的认知，用意向透视代替平立剖图去表达氛围的营造，从而让学生得以迅速捕捉到最敏感的设计感受，并据此展开更为深入具体的空间组织与设计。

具体的阶段性任务及要求详见课程进度表。

周次	阶段性质	时间	上课安排	作业要求	课程重点
1	11/12～11/18 综合认知	11/13	题目介绍 讲课1——建筑与环境 讲课2——山地 基地考察 快图练习	博物馆与场地调研与分析 儿童心理研究	1. 熟悉地形环境与课题要求。 2. 练习快图与模型，训练快速构思能力。 3. 查阅资料，学习典例。
		11/16	8：00—9：00 讲课3——博物馆 9：00～10：00 案例分析 快图评图	7：45前交手绘快图一份（A1图幅，1:200平立剖、1:500总图，其余自定） 1:500方案手工实物模型 1:500场地环境实物模型	
2	11/19～11/25 方案构思	11/20	分组改图	调研报告，PPT 交概念模型、平立剖图、1：500总图（手绘图）	1. 梳理功能。 2. 儿童行为模式研究 3. 提出环境模式。 4. 提出博览空间模式
		11/23	分组改图	典例手工模型 1:200场地环境实物模型	
3	11/26～12/2 方案构思	11/27	分组改图	1:200模型，1:500总图，1:200平立剖	
		11/30	分组改图		
4	12/3—12/9 方案定型	12/4	分组改图	PPT 概念模型、建筑模型（1：200）、平立剖图、总图（1：500）	1. 推敲构思。 2. 空间—功能—结构—场地循环深入。 3. 明确展示空间模式，建立空间秩序
		12/7	中期评图		
5	12/10—12/16 方案深化	12/11	分组改图		
		12/14	8：00-9：00 讲课4——设计与表达		
6	12/17—12/23 方案深化	12/18	分组改图	儿童互动展区内部模型（1：50）	1. 研究重要空间节点。 2. 研究各类细部与材质
		12/21	分组改图		
7	12/24—12/30 方案表达	12/25	分组改图		1. 梳理表达线索。 2. 平立剖定稿。 3. 分析图纸、模型定稿
		12/28	成果表达	A1定稿图	
8	12/31—1/6 方案表达	1/4	成果表达	详见任务书	1. 排版、成果模型。 2. 陈述准备
	最终评图	待定	提交最终成果	最终成果要求	

3.4.4 优秀作业

1. 山地纪念中心·地形构筑

学生：
季欣

指导教师：
鲍莉
徐小东

教师点评： 设计选址山林坡地，地形复杂，空间要求较高。方案紧扣地形特点及空间诉求，以"地形构筑"为主题，从场地的环境出发，利用现有的台地作为施工平台，大大加速了现场施工的速度，降低了施工难度和土方量，并整合场地中来自山顶小路，山腰寺庙和山脚住区的三个方向的流线，巧妙地创造了登山者、参观者和下山者与该建筑的不同的视线和行为的关系，实现了复合流线与山体建筑的互动系统。

方案对与建筑的形体进行了重点设计，利用山体等高线在平行和垂直两个方向上的不同特性组合形成了具有环境适应性的多种功能体量，并且围绕山体的天然走势和现存台地的天然优势围合出室外祭场，不仅仅减少了土方量的产生，更形成了山—人—筑的和谐山体构筑群。在室内祭场中，祭场设计与光照分析和通风分析互动的过程最终形成了特殊的祭场与办公的剖面关系，完成了对于艺术性、技术性和舒适性的统一。

方案较好地贯彻了教案的意图，尤其是对建筑外围护结构的理解具有一定的深度。对山地结构技术以及利用山体变化结合光照土方等绿色分析技术来辅助建筑体量的设计方法具有一定的了解，理念正确、逻辑清晰、构造合理、技术可行，是一份优秀的本科设计作业。

本教案及方案获全国高等学校建筑学学科专业指导委员会主办的第 12 届 Revit 杯 2013 全国高等学校建筑设计教案和教学成果优秀作业。

图 3-13 优秀作业《山地纪念中心·地形构筑》（作者：季欣）

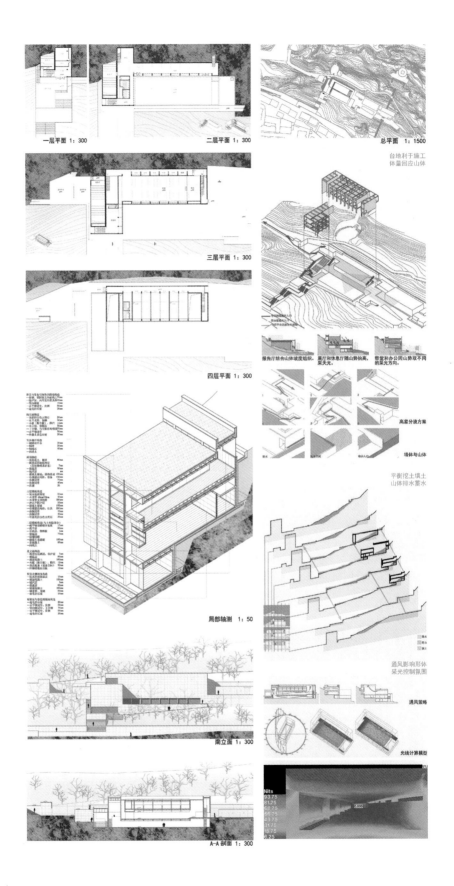

一层平面 1：300

二层平面 1：300

总平面 1：1500

台地利于施工
体量回应山体

三层平面 1：300

报告厅结合山体坡度组织。　展厅和休息厅随山势拾高，采天光。　整堂和办公用山势取不同的采光方向。

高差分波方案

四层平面 1：300

墙体与山体

平衡挖土填土
山体排水蓄水

局部轴测 1：50

通风影响形体
采光控制氛围

南立面 1：300

通风策略

A—A 剖面 1：300

光线计算模型

2. 儿童大地体验中心

学生：
郑钰达
指导教师：
邓浩 甘昊

教师点评： 设计选址临水缓坡，沿低平修长的湖面、天际线与等高线展开，对岸的山体与城墙的厚重则与此相对。项目策划为针对儿童的大地感知游戏空间，方案紧扣基地特征，巧妙地创造了依山和面水的实体与虚体空间。实体部分为服务性、内向性、设备性和结构性空间，采用厚重感混凝土结构和石材；虚体面水则是水平展开又富有节奏的、通透开放的游戏空间，采用轻盈感的钢结构及玻璃。山体与屋顶绿化平台连为整体，场地与建筑相契、功能与空间相合、行为与视线相应，实现了环境与建筑的极佳整合。

方案充分利用场地现有的物质资源及景观资源，设计出富有品质的游览空间和坡地建筑。更为可贵的是，同时还对实现空间意图的物质技术手段做了深入的探索。建筑形体与空间形态的不断优化，得益于顺应力流的结构形式的设计、隐蔽有效的设备空间组织和意图明确的围护构造设计。理念明确、逻辑清晰、构造合理、技术可行，充分体现了绿色建筑的环境价值观和整体建筑观，是一份优秀的本科设计作业。

图 3-14　优秀作业《儿童大地体验中心》（作者：郑钰达）

3.5 性能提升

3.5.1 教学要求

在新型城镇化存量更新的大背景下，顺应可持续发展的现实要求和发展趋势，面广量大、能耗较高、环境影响大的既有建筑在适应性空间改造提高空间效益的同时，性能化提升成为当务之急。

因此本课题在原有"既有建筑改造再利用"的设计题目中加入"性能提升"的要求，旨在帮助学生了解与建筑改造相关的生态考量视角和策略，学习如何挖掘既有建筑自身特点和生态潜力，并应用相关方法和技术设计出既满足功能置换要求，同时又获得性能提升、低能耗高能效、环境友好型的舒适空间。

1. 教学目标

既有建筑的性能提升改造是指在保留旧建筑历史人文或外观特色的前提下，改变其功能空间配置，使其适应新的使用要求，同时提高使用舒适度和环境适应度，改善建筑的能耗性能、降低能耗、减小环境冲击。在设计上的特点表现为：设计过程中主体空间是不变或少变的，而性能提升设计同比新建筑而言是有限制但可控的。

它不是在空间定型后采取技术措施的附加结果，而应是对功能、空间、结构和性能的综合设计。因此要强化"空间调节"的先决意识，学习首先采用被动式生态技术对旧建筑进行性能化改造，其中包括提高围护结构的保温隔热性能、引导和加强自然通风、利用自然采光改善光环境等；进而了解掌握绿色技术的主动介入，以改善热湿等物理环境，提高建筑舒适度，并可进一步通过数字模拟技术（如 ecotect 等）对改造前后围护结构的热工分析计算和分析，使得空间品质的提升不仅是定性更有定量的保障。

只有均衡考量功能、空间、结构、能耗性能和舒适度等各方面因素的建筑设计才是真正的"绿色"设计。此设计课题侧重结合主、被动式生态技术的设计方法学习和应用。在功能重组、空间置换设计阶段，首先借助空间设计，利用空间调节微环境和微气候，改善外围护结构热工性能，引导和加强天然采光和自然通风等。其他主动式技术手段的应用、材料选择和构造设计，以及软件工具的辅助验证与设计再调整也是在功能、空间、结构、性能循环深入的过程中适时引入。如是，学生们对绿色建筑设计的理解不再是对设计后期建筑技术简单堆砌的排斥，而是明确了可持续与绿色理念应贯穿于设计始终，整合设计的结果才可能是真正绿色、可持续的。

2. 教学内容

课程设置上，作为课题载体的既有建筑规模控制在 5000m² 左右，要求在建筑既有的技术体系下对建筑的空间、功能做合理的设计；同时，绿色设计的深度上要求体现出建筑专业本体的被动式设计及与设备专业对建筑性能促进的主动式设计的初步协同，从中要求体现出材料构造与墙身详图设计，以及设备空间的深化设计。

(1) 绿色系统观念

已进入全新后工业时代的当下，人类更加注重生存环境系统的质量，获能和失能的有效平衡是重要指征。这个"绿色"系统中的每个环节都将影响到整体系统环境，它也需要不断调适，在满足人工环境舒适度的同时需要控制"失能"，即碳排放量，避免危及整个地球。

绿色系统不是孤立的，它是由无数环节组成的。建筑与城市在人类生存环境中占据着重要地位，是绿色系统重要组成。建成环境和建筑的碳排放控制和减少已成为共识，其中，既有建筑的性能提升是建筑"绿色化"的主要对象和方式。

(2) 建筑的性能

既有建筑大多受制于设计之初的观念、技术和经济限制，物理性能较低。使用过程中为满足当代人的舒适需求时，往往需要加装设备加大能耗，导致碳排放增加，既有建筑的性能提升是从源头上有效降低碳排放量的措施。

建筑性能是指建筑空间所能满足人体适应能力下的舒适度的物理环境要求，这种要求应是恒常不变的。但是各个时期这种要求的达到受限于各方面的技术发展，使得在能源利用高低强弱方面完全不同。历史上及不同地区多以被动式的方式达到或尽可能达到舒适要求，如提高墙厚，增强门窗气密性等。当代科技发展已突破各种技术桎梏而达到人工环境高舒适度的标准，但随之而来的是如何合理合度利用和平衡能源、资源。

(3) 性能提升的设计途径

既有建筑性能提升是在原有建筑物质的基础上，对建筑功能、空间和物理环境的再设计。包含两个方面，一是空间的改造与再定义，即功能与空间的重塑，通常通过改建和扩建实现；二是物质性要素的物理性能提升，包括风环境、光环境、热环境，以达到一定的舒适度要求，这可以通过设计与技术的整合实现。

通过合理的空间组织和构造设计，采用形体遮阳、自然通风、天然采光、生态绿化等技术策略，以不耗能或少耗能的方式来实现对室内环境舒适度的调节，降低能耗。空间与形体的选择设计在根本上决定了环境和建筑的生态质量与节能性能。

(4) 性能提升的技术手段

当代技术的发展为实现建筑性能的提升提供了技术支撑。一方面以材料技术成果实现对建筑基础、墙身、屋面等的被动式方式，对能源的有效利用，提升建筑性能，其关键在于建筑的构造设计；另一方面以设备技术成果实现对建筑空间能源的补充，以及提升能源的利用率等。同时，性能提升设计不仅在于定性认识和经验性策略，还要初步掌握量化手段，学习运用相关软件的模拟与分析手段，如应用 Ecotect、Fluent 等软件综合分析日照、既有建筑构件能耗关系，提升建筑能耗的分析力度。通过绿色技术的主动式介入，达到优化和提升建筑性能的目标。

3.5.2 典型教案

以谨慎的技术态度对存量空间进行改造与整合，是重新建立既有建筑空间秩序和提升建筑有效性能的途径。这一主题教案先后采用了多个建筑及功能载体，多是有一定历史的既有建筑，空间与形体有着强烈的历史背景，包括建于民国时期 1914 年的浦口火车站、建于 1957 年由杨廷宝设计的东南大学沙塘园食堂、建于 1987 年的东南大学前工院教学楼、建于 1930 年代的东南大学体育馆等的改扩建。一方面物质空间已难以适应当代功能的需求，另一方面是在高能耗下，才能满足基本的空间舒适度要求。虽然载体不同，但教案的核心内容、教学目标、课程结构与教学组织是一致的，此处所列举的教案具有普适性，具体的差异在不同的教案中会特别指出。

A 校园生活中心——沙塘园食堂改扩建设计
2012-2013 学年春季学期

指导教师：陈宇 夏兵 鲍莉 孙茹雁 沈旸 薛力 刘捷
          徐小东 唐斌 唐芃 陈烨 屠苏南 周霖
助   教：李天骄 王单珩 裴逸飞

B 设计创意中心——前工院改扩建设计
2011-2012 学年春季学期

指导教师：陈宇 夏兵 鲍莉 龚恺 薛力 刘捷 徐小东
          唐斌 唐芃 张慧 陈烨 孙茹雁 屠苏南 周霖
助   教：康鹏飞 吴欢瑜 唐伟 郑恒祥

1. 课程设置与目的
本课题为既有建筑的改扩建设计，将原本的单一功能建筑（食堂、教学楼）改造为综合性的学生生活或设计中心。在充分解读先师作品的基础上，针对当下的需求进行功能与使用的策划，学习并掌握功能复合的公共建筑设计原理和基本知识。

(1) 绿色节能设计
既有建筑的性能提升，应以定性为主、定量为辅的原则对建筑物质实体加以评估，从而判断建筑实体中有效舒适程度的能耗量；通过对既有空间的改造与扩建，重新确立相适应的新的功能关系。在此基础上，以被动式设计策略主线，辅以主动式设计，通过合理的空间组织和构造设计，提高太阳能和供能的利用效率，减少能耗，保证除贮藏室外的所有功能空间都满足自然通风采光的要求，创造舒适宜人的室内环境。初步掌握空间再设计的物质实现方法和手段。

（2）环境整合设计

复杂场地环境的杂陈无序中开展调研工作以及分析新旧建筑关系，改扩建中，通过原有建筑空间和扩建空间的有序张力，使场地现状的环境要素融合成为一个有机的整体；倡导土地的复合利用和空间资源的高效开发；创造出具有明确空间特性和识别感的积极的外部空间环境。

学习场地、结构、空间、功能互动的设计方法；学习功能配置与结构选型相结合的技巧；了解既有建筑功能置换、性能化改造以及适应性再利用的策略、方法和技术细节。

（3）操作手段

利用手工模型进行快速推敲方案的能力。培养快速入手、多轮反复、逐层深入的工作习惯。培养对于图纸、模型、设计对象三者之间在设计过程中同步推进的想象力和把握秩序的能力；学习应用相关技术软件进行日照环境、空间热工环境及能耗的量化模拟分析。

2. 基地

本课题基地选择多取自校园环境，为学生较为熟悉的场所，场地及建筑规模、环境因素、受众人群等则依据不同的任务要求而有所不同（图3-15、图3-16）。

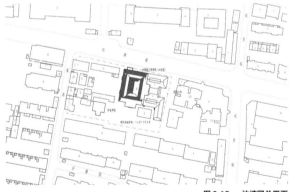

图 3-15a　沙塘园总平面

图 3-15b　沙塘园轴测

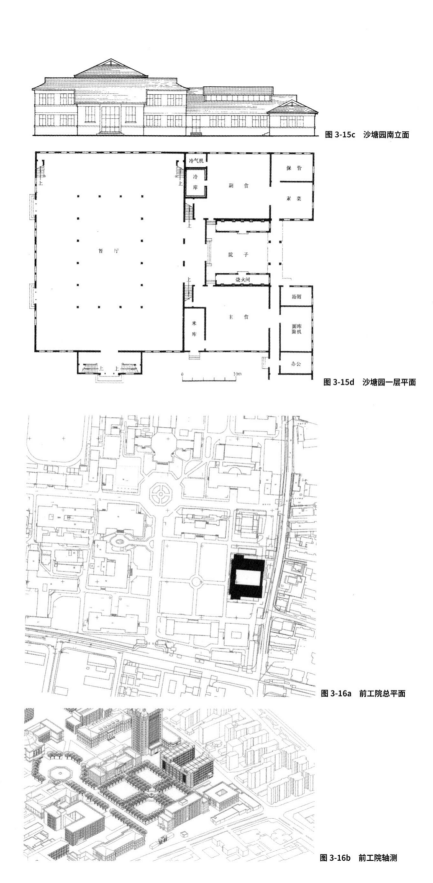

图 3-15c 沙塘园南立面

图 3-15d 沙塘园一层平面

图 3-16a 前工院总平面

图 3-16b 前工院轴测

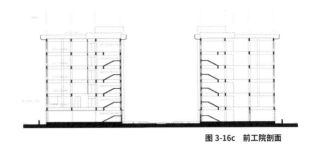

图 3-16c　前工院剖面

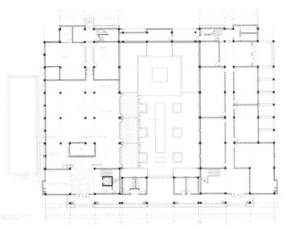

图 3-16d　前工院一层平面

3. 项目任务书

A 校园生活中心

(1) 面积要求

改造前总面积 2753m²

改造后总面积 4000m²

就餐位不少于 200 坐，多功能活动空间不小于 200m²

(2) 功能策划

生活服务 —— 配套设施（餐饮、超市等）；

创意创业 —— 创意活动与社会实践（工作室、商业经营）；

社团活动 —— 兴趣小组，社团办公（诗社、摄影室等）；

文体活动 —— 校园文艺空间（如球馆、演艺等）；

建议选择以上 1~2 类。

充分利用基地条件，合理策划并组织室内外活动，场地设计须与建筑内部空间相结合，形成一体化设计，保证有一处不小于 200m² 的集中式活动场地。

(3) 改造与扩建要求

建筑外观还原最初设计，外围护要求做性能化改造；建筑主体梁柱结构不可改动，保留部分不得下挖；原有屋顶形式必须保留。

除两层主体建筑外，其余现状部分改造或拆除自定；扩建部分高度不得超过 24m，并保证周边居住建筑的日照需求。

B 校园生活中心

(1) 建筑功能与面积要求

改造前总面积 :10600m²

改造前后总面积变化不超过 10%

教学区 :4650m²

工作室 :450m²×8

教师休息室（2~3 间 / 层）:30m²/ 间

开水间 :10m²/ 工作室

卫生间 : 按每层 150 人考虑

公共区 :2000m²

自定义空间 : ≥ 500 m²

展厅兼评图 :700m²

临时展览 :200m²

展览用储藏 :40m²

多媒体教室 :80m²×2

社团活动室、讨论室 (8-10 间):320m²

储藏室 :40m²

物业管理 :40m²

服务区 :300m²

模型室（含材料库 40 m²，激光切割室 20 m²，办公室 10 m²）:200m²

图文中心（含材料库 20 m²，办公室 10 m²）:100m²

休闲区 :250m²

咖啡 :150m²

小卖 :40m²

书店 :60m²

交通辅助

门厅 : 面积自定

过厅、走道等 : 面积自定

消防控制室、门卫值班室 :40m²

公共部分卫生间 : 面积自定

配电间（含强电、弱电）:40m²

设备用房 :20m²/ 层

（2）保留与改造

除东侧连廊外，建筑主体梁柱结构不可改动；原有屋顶形式须保留。

工作室安排在二层以上，空间形态参照现有格局，外围护保持原有形态，做性能化改造。

主体结构不得大面积下挖，中庭改扩建下挖不超过一层；加建部分应不影响工作室的自然通风采光；超出建筑原平面轮廓线的扩建部分高度不得超过两层（图上标注——用地红线和建筑红线）。

4. 成果要求

（1）总平面图 1:500。

（2）平面图（各层）1:300 / 1:200。

（3）立面图（两个以上）1:300。

（4）剖面图（两个以上）1:300。

（5）主要空间剖透视 1:75 / 1:50。

（6）重要细部详图（立面、剖面）1:20，至少一个（表达新旧空间结合部，外围护做法需表达出性能化改造措施，如屋面、墙身、洞口等）。

（7）透视图（数量不限，其中人视图两张以上，主透视图幅 A3 以上）。

（8）分析图。

（9）模型：

概念模型 1:500;

成果模型 1:200;

局部节点模型（要求表达新旧空间结合部的材料与结构）1:50;

过程模型自定。

（10）工作手册，A4。

5. 主要参考文献

[1] 王建国 . 后工业时代产业建筑遗产保护更新 . 北京：中国建筑工业出版社 .2007.

[2] 陈宇 . 建筑归来 . 北京：人民交通出版社 .2008.

[3] 张彤 . 绿色北欧 . 南京：东南大学出版社 .2009.

[4] 孙茹雁 . 节能建筑从欧洲到中国 . 南京：东南大学出版社 .2011.

3.5.3 教学组织

本教案的设计任务包括课题的整体环境设计、既有建筑改、扩建空间设计及性能提升设计，教案组织包含了贯穿八周的三条平行推进的教学线索，相互交织、交互驱动，形成整体的教学结构。

阶段	阶段 1 综合认知		阶段 2 方案构思和定型		阶段 3 方案深化、细部研究	
增加授课	既有建筑改造 I：综述	主题案例分析	既有建筑改造 II：空间策略	既有建筑改造 III：结构	主题案例研学（组内）	Ecotect 软件介绍
主要内容	a. 既有建筑价值评估；b. 改造策略分类；c. 改造设计层面；d. 典型案例介绍	a. 空间置换；b. 结构策略；c. 材料策略；d. 性能化提升	a. 空间改造策略；b. 空间置换对建筑使用性能及舒适度的影响	a. 结构改造策略；b. 新旧结构关系	a. 性能化提升——使用性能、物理舒适度、空间氛围与舒适度；b. 空间、结构与性能 c. 材料、构造与性能；	
进度	2 周		3 周		3 周	
作业要求	1. 明确建筑改造的定位和重点 2. 评估既有建筑的生态表现和改造潜力		新旧空间——功能——结构——建筑性能互动关系的循环深入		从空间调节、舒适度提升角度对空间、结构进行进一步调整；应用被动式技术手段；外围护结构的材料选择及构造研究（详图和模型）；软件计算验证	

1. 线索

一是课程组织的讲课与评图。主讲教师对应教学推进的内容，分别在第一周、第三周和第七周做了 题为"既有建筑改造与案例分析"、"既有建筑改造绿色技术体系"以及"设计表达"的课堂讲授；在第四周和第八周周末则是分别由年级和系组织公开评图，由校外专家、本系其他年级教师和本年级相关方向其他课题教师组成答辩组审查作业。学生结合案例学习，要评估既有建筑的空间价值、生态表现和改造潜力，明确建筑改造的定位和策略。

二是三年级公共建筑体形环境设计教学的教程推进，运用包括总图、建筑单体、重点空间深化与墙身节点大样四个尺度比例、内容逐级深化的图纸以及相应比例的手工和电脑模型，应用被动式技术手段，从空间调节、舒适度提升角度循环深入探讨新旧空间——功能——结构——建筑性能的互动，局部设计深度达到节点大样，研究外围护结构的材料选择及构造；通过使用性能、空间氛围与舒适度等方面体现建筑的空间品质和性能化提升。

三引入绿色建筑的性能与数值模拟分析内容。学生们需要学习运用必要的模拟分析软件，如 Ecotect 等，在体形设计的相应阶段，模拟日照分析、空间环境的舒适性与能耗指标，并借助软件验证，在体形环境与软件模拟分析之间进行多次交互和互相调整以推进设计。

2. 案例研究

与主题相关的案例分析聚焦于既有建筑更新改造、绿色技术、性能提升等方面。结合每次的功能策划的类型建筑先例等，研究生助教们每人准备 1 个主题性的案例研究讲课，如"建筑与场所的融合"（2013）、"案例分析－性能化改造"(2012)、"材料与建造"（2012）、"设备、结构与表皮"

（2011）、"空间置换"（2010）、"材料策略"（2014）等。

除此之外，每位同学尚需合作完成一个可资借鉴案例分析，例如类似的建筑类型与建设规模，尤其是关于新旧建筑的关系、场地与建筑的互动、材料与建造、空间与技术的整体设计等。这通常需要通过手工模型、图纸重绘和分析图解来完成，图解往往需要深入到细部大样 1:10 ～ 1:20 的深度。

3. 课程进度表

周次	阶段性质	时间	上课安排	作业要求	课程重点
1	2/25—3/03 综合认知	2/26	08：00~09：30 上课 课程概要 既有建筑改扩建 - 设计；师生分组 09：45~11：30 上课		1. 熟悉地形环境与课题要求。 2. 练习模型，训练快速构思能力
		3/01	08：00~09：00 上课 分主题案例分析 评快模 09：00~11：30 分组改图	交快模（2个） 1：500 模型及总图、构思草图	1. 查阅资料，学习典例。 2. 梳理功能配置，提出空间模式。 3. 结构分析，提出结构体系概念
2	2/27—3/04 方案构思 I	2/28	既有建筑改扩建 - 策划与设计 分组改图	每组1：500 基地模型，交 1：500 构思模型、1：300 构思草图（A3 手绘图）	
		3/02	分组改图		
3	3/05—3/11 方案构思 II	3/06	分组改图	交 1：300 模型、1：300 平立剖、1：500 总图（A3图）	1. 推敲构思。 2. 明确功能配置及空间模式。 3. 空间——功能——结构循环深入，确立结构体系
		3/09			
4	3/12—3/18 方案定型	3/13	合组评图 既有建筑改扩建 - 设计与技术（案例式，构造大样、性能化改造）	交 PPT、1：300 模型、1：300 平立剖、1：500 总图（A3 图）	
		3/16	分组改图	1：300 模型、1：300 平立剖、1:500 总图	
5	3/19—3/25 方案深化 I	3/20	分组改图	1：300 模型、1：300 平立剖、1：500 总图	深化方案。 2. 研究重要空间节点。 3. 研究围护表皮的材料选择及构造细节
		3/23	分组改图		
6	3/26—4/01 方案深化 II	3/27	08：00~08：45 上课 （设计与表达 III） 09:00~11：30 分组改图	1：300 模型、1：300 平立剖、1:500 总图 细部研究，1:50，1：20	
		3/30	分组改图		
7	4/02—4/08 方案表达	4/03	分组改图	定稿	1. 梳理表达线索。 2. 平、立剖定稿。 3. 图纸、模型定稿。 4. 排版、成果模型、工作手册准备
		4/06	最终评图	最终成果要求	

3.5.4 优秀作业及点评

1. 学生生活中心 —— 沙塘园食堂改扩建设计

学生：
李竹汀
指导教师：
孙茹雁

教师点评：该作业是以改扩建为主导的设计，原建筑是位于东南大学南门东南侧的沙塘园食堂，由杨廷宝在 1951 年设计。课题要求将原有食堂加以改建，并扩建新的建筑空间，以满足学生多方面的用途。该生以多维度多视角思考与分析，集中从三个方面入手有效地完成了设计：

一，通过对原有建筑的综合分析理顺建筑空间的模式，从而从建筑空间层面完成了空间的提升。具体是以原有开敞空间为基础，将新增建的建筑空间的开合关系与原有空间相契合，形成开合有序的空间环境。在这一开放流动的空间里，学生们拥有了一处生动的活动场所。

图 3-17 优秀作业《学生生活中心 —— 沙塘园食堂改扩建设计》（作者：李竹汀）

二，通过对日照和环境的分析，利用上述空间组合规律，从建筑得能和用能的视角，达到对建筑性能的有效提升。

三，通过物质环境及既有建筑材质的分析，对建筑物质部分进行再设计，最终达到合理的性能提升。

2. 校园食堂提升·性能化改造

学生：
包捷

指导教师：
周霖
鲍莉
徐小东

教师点评： 本设计主题为："校园食堂更新·性能化改造"，主要着眼于探索针对旧有建筑的改造策略与方法。该探索使得绿色建筑的概念不仅仅停留在"表面设计"，而是从前期策划开始贯彻"生态"、"可回收"、"高效"、"可持续发展"等绿色设计理念，这样的探索颇具意义。

具体来说，设计基地位于高校南门对面，现状为学生食堂主体及其辅助用房。本设计保持食堂主体建筑结构、外围护墙体不变，同时保留大部分辅助用房旧有墙体。将辅助用房木质屋面拆除，回收旧瓦（成为加建部分的新表皮）。针对旧有学生食堂主体，利用原有四周环绕的天窗采光，加建部分楼板，使得新建部分与老建筑产生贯穿联系，同时营造新旧交替的特殊氛围。针对目标群体大学生与社区居民，将南向场地打造成连续的三种广场（平地、下沉、屋顶平台），同时采用功能复合共置的理念，增加吸引力与利用率。

方案在设计探索的过程中，提出

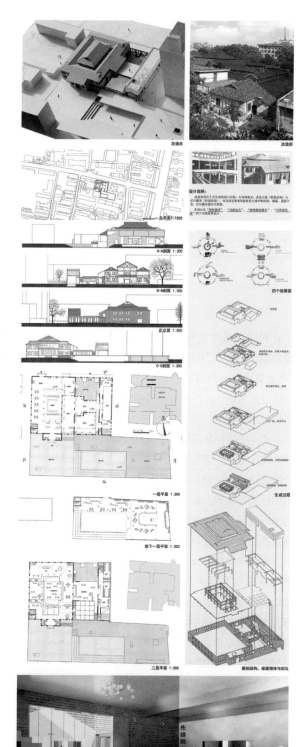

图3-18　优秀作业《校园食堂提升性能化改造》（作者：包捷）

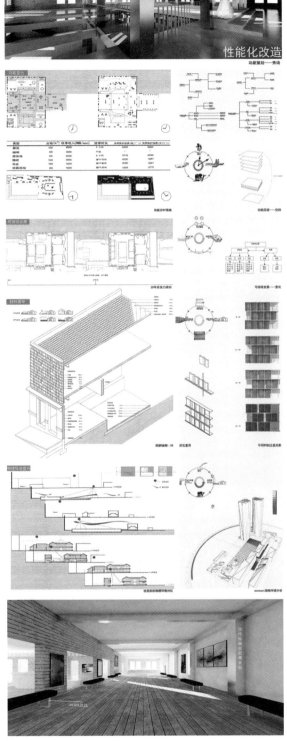

了针对旧建筑性能化改造的四步绿色设计理念，"物理性能提升"、"功能复合"、"材料循环"、"可持续发展策略"，并在具体设计中得到应用与体现。

这样的设计与探索较好地贯彻了教案的意图，通过针对老旧建筑的改造设计，对绿色建筑进行了深入的研究与探索，思考深入、处理得当、逻辑清晰、眼光长远，是一份优秀的本科设计作业。

建筑学本科设计教学，突出培养学生掌握各相关专业的知识并加以综合性、创造性运用的能力。作为五年制本科的中间阶段，三年级教学长期以来面临两大困境：一是建筑技术和建筑史两大类课程全面展开，学习负担骤增，而学生对技术类课程普遍缺乏学习热情；二是建筑设计课程在物质技术维度的深度难以取得实质性突破，各类主干课程之间的并行关系使设计学习难以有效利用其他专业主干课程的教学资源。

3.6
系统集成

3.6.1 教学要求

1. 教学目标

　　技术类课程与设计教学集成改革，目标是将设计教学作为知识运用与探新的平台，实现技术类课程与设计课程实现知识点对接——技术课程根据设计课教案调整教学计划，重组知识点分布，对设计课形成及时有效的知识支持（图 3-19）；技术类课程与设计课程实现学时叠用（图 3-20）——技术课程教师参与设计教学研讨课程，引导学生解决具体问题，并参与评价；技术类课程与设计课程实现成果共享——设计作业同时可作为相应技术课程考核成果提交。

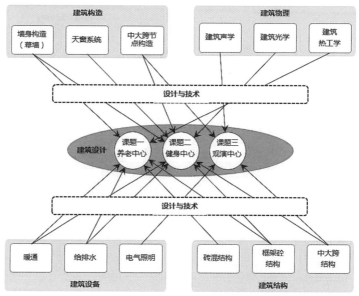

图 3-19　技术类课程与设计课程的知识关联与运用

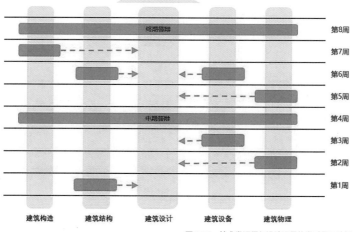

图 3-20　技术类课程与设计课程的学时叠用计划

2. 教学内容

本课题的核心目的是知识与能力的集成训练，除了常规的建筑设计对场地、功能、空间等的要求之外，是学习如何整合相关技术，形成空间目的与技术手段的良性互动，以最终达成物质性建构的实效。因此，各门主干课程都有各技术方向的具体教学目标和要求，实施过程中的不断协调交互也更为主动和频繁。具体教学内容与要求如下：

(1) 建筑构造

针对课程设计的具体空间与功能需求，选择合理的幕墙形式；结合中大跨结构设计以及光学软件验算，选择合适的顶部采光设计，并对其构造进行详细设计和绘制；对于新旧建筑结合部分的构造大样，可以结合墙身或者天窗大样一并予以表达；

(2) 建筑结构

针对课程设计的具体空间与功能需求，选择合理的结构形式；根据选择的结构材料，估算结构主要构件尺寸，并在平面和剖面图中予以表达；分析结构系统的传力路径并给出建筑大空间或核心区域的三维轴测结构模型。

(3) 建筑物理

核心大空间选择恰当的采光方式；对核心大空间进行照度分析，包括采光系数和均匀度（用 Ecotect 软件计算）；对核心大空间进行眩光分析（用 Ecotect 软件计算）；调整设计方案，保证有足够的光照同时防止眩光；

(4) 建筑设备

在建筑平面图上体现消防控制室、消防水池、消防泵房、消防高位水箱等设备用房；在建筑平面图上体现空调机房新风进风口位置大小、进出空调机房风管的大小位置，示意空调房间风口位置、大小；在建筑剖面图上体现大空间房间（多功能运动场或展厅）空调的气流组织，送风、回风口位置；

3.6.2 典型教案

校园健身中心设计——四牌楼校区老体育馆改扩建设计

指导教师：夏兵 陈宇 薛力 唐斌 俞传飞 周霖 邓浩 蒋楠
技术指导教师：方立新 彭昌海 李海清 吴雁 李永辉 周欣
助　　教：涂靖 陈煜君
日　　期：2016.11.15-2017.1.8

既有建筑改造是三年级传统课题，校园健身中心设计以四牌楼校区老体育馆为载体，在延续原有建筑设计教学目标的同时，突出将设计教学作为知识运用与探新的平台实现技术类课程与设计课程横向整合，要求掌握中大跨结构的设计要点和构造做法，了解建筑保温、光线控制、空调系统组成的基本原理和知识，使用专业物理软件，实现大空间采光设计优化。

设计课程与技术类课程横向整合融通，对设计教师提出了更高的综合素质要求，同时也迫使技术课程实现"课堂翻转"，增加面对现实情况的针对性辅导，而学生无疑是最终的受益者。

1. 课程设置与目的

(1) 本课题为四牌楼校区老体育馆改扩建设计，希冀将原本功能简单的体育馆改造为多种类型体育休闲活动的校园健身中心。在向前辈学习的基础上，针对当下的需求进行功能与使用的策划，学习并掌握功能复合的公共建筑设计原理和基本知识。

(2) 学习场地、结构、空间、功能互动的设计方法；学习在校园复杂场地环境中开展调研工作以及分析新旧建筑关系的技巧；学习功能配置与结构选型相结合的技巧；了解既有建筑功能置换、性能化改造以及适应性再利用的策略、方法和技术细节。

(3) 学习建筑细部处理和构造设计互动的技巧，了解和初步掌握空间构思的物质实现方法和手段。

(4) 培养利用手工模型进行快速推敲方案的能力。培养快速入手、多轮反复、逐层深入的工作习惯。培养对于图纸、模型、设计对象三者之间在设计过程中同步推进的想象力和把握秩序的能力。

(5) 初步了解中大跨结构的设计要点和建构元素，了解建筑保温、光线控制、空调系统组成的基本知识。

2. 基地

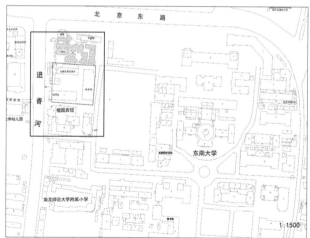

图 3-21　场地环境

3. 项目任务书

(1) 功能与面积要求

基本要求：

改造前总面积：2400m²

改造后总面积：6000m²（±5%）

扩建部分：

多功能运动场一片（净高不小于7m）

壁球场（2片）

健身器械活动、攀岩

更衣、淋浴：200m²

体育器材存储：2×60m²

既有建筑：

二楼羽毛球场地6片

一楼教室3间：3×60m²

体育系办公用房4间：4×30m²

体育器材2间：2×50m²

其他：

管理室2间：2×40m²

厕所：120m²

设备（水电空调）：250m²

小卖、茶吧、其他健身项目自由策划安排

充分利用基地条件，合理策划并组织室内外活动，场地设计与建筑内部空间相结合，形成一体化设计。场地满足200辆非机动车停车要求。

(2) 建筑设计要求

本案性质：既有建筑改扩建。

改造与扩建：

老体育馆外观还原最初设计，外围护要求做性能化改造；建筑主体梁柱结构不可改动，保留部分不得下挖；原有屋顶形式必须保留。

拆除基地上老体育馆西侧的河海院和东大出版社，要求布置一定的室外活动场地。扩建部分高度不得超过老体育馆檐口高度，下挖不得超过一层。

篮球和羽毛球场空间的净高不低于7m。

结合交通流线灵活设置室内健身跑道。

4. 设计成果

以下为最终成果要求。平时成果要求详见课程进度安排表

(1) 总平面图 1:500。

(2) 平面图（各层）1:200。

(3) 立面图（两个以上）1:200。

（4）剖面图（两个以上）1:200。

（5）主要空间剖透视 1:75 。

（6）重要细部详图（立面＋剖面）1:20，至少一个（要求表达新旧空间结合部，外围护做法需表达出性能化改造措施，如屋面、墙身、洞口等）

（7）透视图（数量不限，其中人眼视高透视两张以上，主透视图幅 A3 以上）。

（8）分析图。

（9）模型：

概念模型 1:500；

成果模型 1:200；

局部节点模型（要求表达新旧空间结合及活动氛围）1:50；

过程模型自定。

（10）工作手册。

（11）版式要求：图纸排版尺寸控制在 3×A0 或 6×A1 图幅范围内。

5. 主要参考文献

［1］民用建筑设计通则 GB 50352-2005.

［2］建筑设计防火规范 GB50016-2006.

［3］城市道路与建筑物无障碍设计规程 JGJ50-2001.

［4］肯尼思·鲍威尔著. 旧建筑改建和重建. 大连：大连理工大学出版社，2001.

［5］王建国著. 后工业时代产业建筑遗产保护更新. 北京：中国建筑工业出版社，2008.

3.6.3 教学组织

1. 课程进度表

周次	阶段性质	时间	上课安排	作业要求	课程重点
1	11/14—11/20 综合认知	11/15	08：00~09：30 上课 课程概要 师生分组 既有建筑改扩建 - 设计；09：45~11：30 上课		1. 熟悉地形环境与课题要求。2. 练习模型，训练快速构思能力
		11/18	08：00~09：00 上课 案例分析 评快模 09：00~11：30 分组改图	交快模（2 个）1：500 模型及总图、构思草图	
2	11/21—11/27 方案构思 I	11/22	分组改图	每组 1：500 基地模型，交 1：500 构思模型、1：300 构思草图 （A3 手绘图）	1. 查阅资料，学习典例。2. 梳理功能配置，提出空间模式。3. 结构分析，提出结构体系概念
		11/23	14：00~16：30 结构课		
		11/25	分组改图		

周次	阶段性质	时间	上课安排	作业要求	课程重点
3	11/28—12/4 方案构思Ⅱ	11/29	分组改图	交1：200模型、1：200平立剖、1：500总图（A3图）	1. 推敲构思。 2. 明确功能配置及空间模式。 3. 空间—功能—结构循环深入，确立结构体系
		12/2			
4	12/5—12/11 方案定型	12/6	中期评图	交PPT、1：200模型、1：200平立剖、1：500总图(A3图)	
		12/9	08：00—08：45上课（设计与表达2） 09:00~11：30分组改图	1：200模型、1：200平立剖、1:500总图	
5	12/12—12/18 方案深化Ⅰ	12/13	分组改图	1：200模型、1：200平立剖、1：500总图	1. 深化方案。 2. 研究重要空间节点。 3. 研究围护表皮的材料选择及构造细节
		12/16	分组改图		
6	12/19—12/25 方案深化Ⅱ	12/20	分组改图	1：200模型、1：200平立剖、1:500总图	
		12/23	分组改图	细部研究，1:50，1:20	
7	12/26—1/1 方案表达	12/27	分组改图	交定稿图	1. 梳理表达线索。 2. 平、立剖定稿。 3. 分析图纸、模型定稿、排版、成果模型、工作手册 准备
		12/30	分组改图	完善定稿	
8	1/2—1/8 方案表达	1/4	分组改图	最终成果要求	
			最终评图		

2. 教学实录

(1) 综合认知

建筑设计

熟悉地形环境与课题要求；练习模型，训练快速构思能力；实际项目参观。

建筑设备

提出体育馆建筑设计中有关建筑设备各个专业所要求达到的目标，熟悉设备与其他专业需要配合协调的内容。

授课范围：针对所有设计同学以大课形式讲授。

授课内容：

1) 空调冷热源布置、空调机房布置。

2) 消防水池、消防泵房及消防高位水箱的布置、消防控制室布置。

3) 以相似工程项目作为同学空调系统选择及各工种设备用房及所需管井、风井的实例，通过点评启发学生思考的设计方法。

(2) 方案构思Ⅰ

建筑设计

查阅资料，学习典例；梳理功能配置，提出空间模式；结构分析，提出结构体系概念。

建筑构造

明确提出本课程设计的构造设计目标，要求能合理确定建造模式与材料／构造体系，推演其选型思路和过程，恰当表达构造响应空间氛围主题的路径以及构造。

结合建筑史上的典型案例，讲授相关构造体系的基本原理、类型和做法各种要点。

课程讲授范围：针对所有同学以大课形式讲授。

建筑结构

提出本轮设计的结构目标，要求能合理确定结构体系，推演结构体系的选型思路和过程，恰当表达结构响应空间调整的优化路径以及提交设计成果中结构构件布置所达到的深度。讲授了相关结构体系和结构选型各种要点，对以中小型体育健身项目为代表的公共建筑结构设计要点和建构元素的表达作了系统性梳理和讲解。

建筑物理

明确提出本课程设计的建筑物理设计目标，根据视觉工作的特点，确定建筑的采光要求；确定采光口形式、位置；计算所需的采光口面积。

防止眩光、不均匀等采光质量问题；防止紫外线影响，考虑其他的功能要求。

课程讲授范围：针对所有同学以大课形式讲授。

课程讲授内容：

光学的基本知识：1）光通量、发光强度、照度、亮度的符号、单位、定义和计算公式；发光强度和照度关系；照度和亮度关系。2）眩光及其避免。

(3) 方案构思 II

建筑设计

推敲构思；明确功能配置及空间模式；空间—功能—结构循环深入，确立结构体系。

建筑结构

每个人的思考切入角度已经不同，结构的考虑开始具体但仍然模糊，授课教师收集统计 4 个班每位同学课程设计中所关注的结构问题并汇成 excel 表格，从中分析共性问题并发现同学一些有启发价值的结构思考独特视角并予以针对性的指导反馈，重点仍然是共性的问题提炼，但也融入部分个性化的结构探索。

建筑物理

采光设计的基本考虑虽已开始但仍较模糊，授课教师收集统计各班每位同学所关注的采光问题并汇总，从中提炼共性问题并试图发现一些有启发价值的采光设计思考独特切入视角，并予以针对性的指导反馈，重点仍是共性问题的提炼和回应，但也进一步结合典例分析，融入部分个性化的采光设计探索。

课程讲授范围：建筑采光知识

1）光气候、天空亮度和采光系数：重点介绍采光的均匀度、防止眩光、合适的光反射比、特殊要求。

2）采光口的主要形式及特点：侧窗采光系统、顶部采光系统、中庭采光系统和新型天然采光系。

3）选择采光口的形式，确定采光口的位置及可能开设的窗口面积，估算采光口的尺寸，布置采光口。

4）体育馆天然采光方式：顶部天然采光和侧面天然采光。遮光则有：格栅遮光、百叶遮光和窗帘遮光等。

5）Ecotect 软件学习和应用。

建筑设备

1）讲解各种空调系统的特点及空调系统与建筑关系。结合课程设计，通过对典型案例的解读，帮助同学掌握空调系统形式选择的原则和技巧。

2）要求能合理确定选用空调系统的形式、在建筑图上布置各个专业设备用房。

(4) 中期答辩

前期空间设计概念及与各技术专业结合成果验证。

(5) 方案深化 I

建筑设计

深化方案；研究重要空间节点；研究围护表皮的材料选择及构造细节。

建筑构造

构造设计问题具体而深入，富有挑战性，鼓励同学携带建筑模型到教室工作室与之共同讨论构造设计问题，体会专业交互设计情境。辅导答疑对象：学生可选择任意交流方式，与任课老师进行互动，就设计作业中构造设计疑难进行沟通和讨论。

建筑结构

方案深化，结构问题具体深入而有挑战性，鼓励同学携带建筑模型到设计院结构工作室与老师及工程师讨论咨询结构问题，体会真实的专业交互设计情境。

建筑物理

采光设计问题具体而深入，富有挑战性，鼓励同学携带建筑模型到教室工作室与之共同讨论采光设计问题，体会专业交互设计情境。辅导答疑对象：学生可选择任意交流方式，与任课老师进行互动，就设计作业中采光设计疑难进行沟通和讨论。

针对体育馆自然采光特点，重点要求合适的采光系数，采光的均匀度，特别防止眩光。天然采光中常用的材料选择：膜材、PC 阳光板、玻璃。相关案例分析。

建筑设备

1）讲解建筑通风原理与建筑排烟防烟建筑空调系统冷热源设计相关知

识。

2）对课程设计部分学生的作业进行点评，讨论空调系统形式选择与设备用房配置的关系以及学生在机房布置中易发生错误作重点提醒。

（6）方案深化 II

建筑设备

1）讲解建筑给水设计与水消防相关知识及建筑排水设计相关知识。

2）设备集中评图，协调各个工种设备用房关系（图 3-22）。

（7）方案表达

建筑设计

梳理表达线索；平、立剖定稿；分析图纸、模型定稿排版、成果模型、工作手册准备。

建筑构造

构造设计的介入体现了由体系到节点 / 细部的深化过程，以墙身大样图及节点三位剖视（Sketch Up 模型）为载体和表达方式，体现从知识传授到整体要点把控再到具体个性化设计矛盾的解决，并分类选择代表性的方案，试图示范性地完成设计教学技术整合的目标需求。

建筑结构

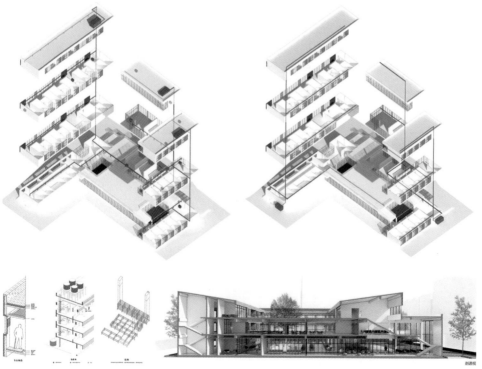

图 3-22 空调、消防系统组织图解

结构的介入体现了由面到点的深化过程，从知识传授到整体要点把控再到具体个性化设计矛盾的解决，对设计的深入及方案的调整变化和设计老师指导后的学生反馈能作出灵活反应，同时也尝试设计课程中结构专业配合的实践情境，完成设计教学技术整合的目标需求（图 3-23）。

建筑物理

采光设计的介入体现了光线控制与建筑立面、空间的深化过程，以构造大样图、节点三位剖视（Sketch Up 模型）和 Ecotect 为载体和表达方式，体现从知识传授到整体要点把控再到具体个性化设计矛盾的解决，并分类选择代表性方案，试图示范性地完成设计教学技术整合的目标需求。

（8）终期答辩

技术教师全面参与终期答辩，并参与评价；设计课最终成果，修改后作为技术课程成果提交，获得技术课程学分。

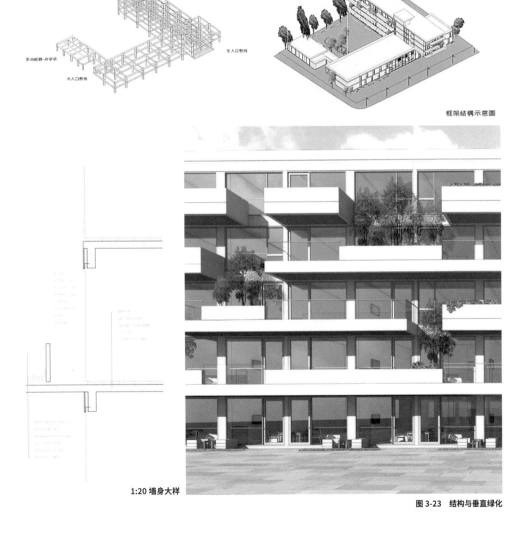

图 3-23　结构与垂直绿化

3.6.4 优秀作业

1. 校园健身中心设计

学生：
任广为
指导教师：
俞传飞

教师点评： 作为东南大学四牌楼校区老体育馆扩建和校园健身中心设计方案，任广为同学的方案以"The Ground of Lightness"为题，以光线和地景为关键词，通过一系列不同高度的斜坡屋面，将基地周边场地、扩建场馆和老体育馆有机融合，形成浑然一体的场所空间。与此同时，方案针对不同功能单元、大跨运动场馆在新老建筑、运动空间等方面的不同要求和

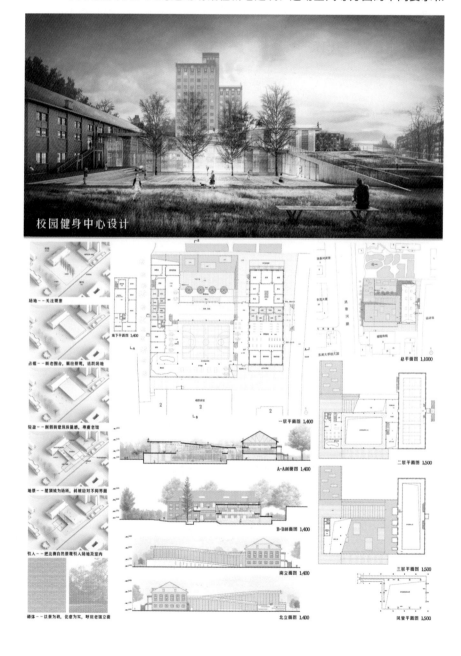

校园健身中心设计

特点，在结构选型、空调设备安置和立面、屋架构造等技术细节上，都进行了统筹安排和细致考量。设计成果在整体概念、技术图纸和效果表达等不同层面，充分满足和体现了本设计课题关注的新老建筑相互之间的呼应和对比关系、大跨建筑的结构构造和相关技术细节在设计中的兼顾，以及改扩建建筑在校园环境内外的协调与统一。

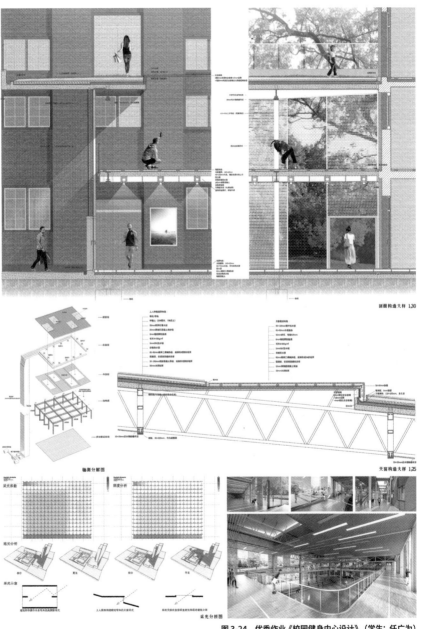

图 3-24　优秀作业《校园健身中心设计》（学生：任广为）

2. 校园健身中心设计

学生：
孙伟
指导教师：
夏兵

校园健身中心设计

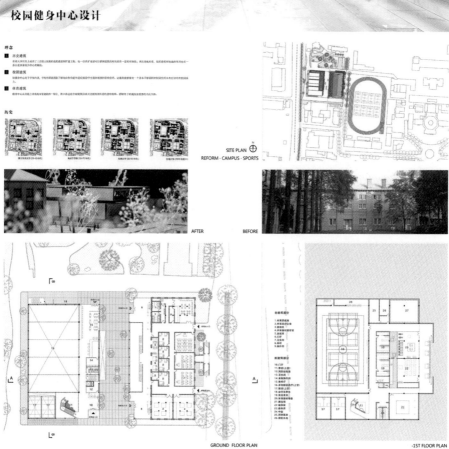

AFTER   BEFORE

SITE PLAN
REFORM · CAMPUS · SPORTS

GROUND FLOOR PLAN   -1ST FLOOR PLAN

设计点评：该方案在策略上十分明智，它将既有建筑与扩建部分相互分离，通过地下空间加以连接，从逻辑上保持了两者空间与形体各自的自明性。从技术层面，方案尝试将结构、构造、设备等技术要求与建筑空间的营造整体考虑，并通过物理计算验证了主要空间的光学性能，充分体现了教案训练的目的。

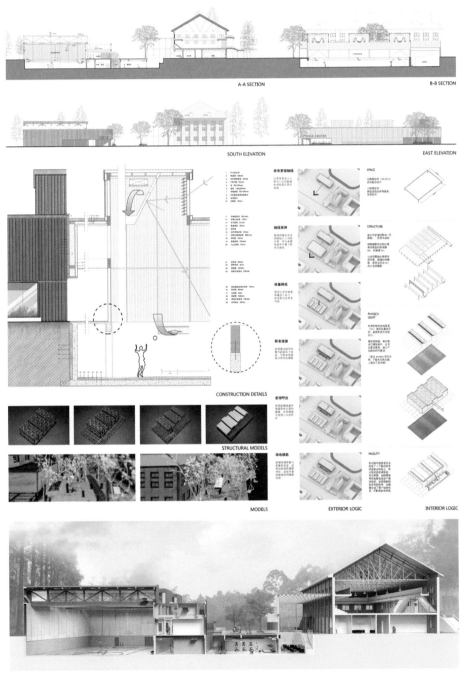

图 3-25　优秀作业《校园健身中心设计》（作者：孙伟）

四～五年级　系统综合与技术集成

4.1 概述

东南大学建筑学院本科的设计教学体系与教学方法一直以"3+2"模式为建筑教育界视为范式，即前三年是横向垒叠的进阶式水平结构，后两年为方向引领的并行式纵向结构。近年来这一模式又被进一步总结为"宽基础、强中干、拓前沿"的教学框架。一、二、三年级以空间、场地、功能、建构等基本问题为核心，强调学科与专业间基础知识和理念的互融共通，称为"宽基础"；其中三年级教学中汇入结构、构选、设备等技术专业课程教学内容，课题设置也由单一问题引导逐步转向多个问题的综合解决，称作"强中干"；四、五年级的教学呈现出结构性的变化，教学组织由年级组转为教授工作室模式，以综合项目设计为载体，在各专业方向上触及与探讨学科的前沿问题，是为"拓前沿"。

与既有设计教学模式相适配，四年级的绿色建筑设计教改在城市设计、公共建筑、住区设计、学科交叉四个方向上，分专题深入探讨设计策略，强调项目设计的整体性与技术运用的综合性；系统引入性能模拟分析，要求定性认识与定量分析结合，充分运用数值模拟分析驱动、影响和修正建筑形态生成。其中绿色城市设计类课题的教学强调气候适应、绿色交通、开放空间优先和低能耗城市运行；绿色公共建筑类型突出性能驱动设计、环境资源综合和性能化建构的教学重点；绿色住区设计则主要从住区规划和住宅设计两个层面结合绿色设计理念展开课程教学；学科交叉类课题主要由建筑技术科学方向的教师承担，强调在建筑物理环境的学理机制中，着重数值模拟分析与形态生成交互驱动的意识培养和方法训练。

毕业设计的选题延续纵贯研究生一年级到本科四年级的专业方向设置，作为整个本科阶段学习的集成化和实践性总结，毕业设计要求完成包含从整体环境到建筑细部构造的完整而纵深的设计研究，强调贯穿项目实践的绿色建筑设计理念及其技术策略集成，并具有可实施性。

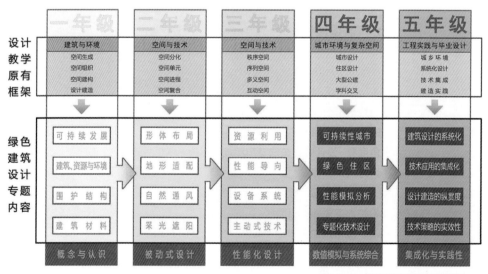

图4-1 四、五年级绿色建筑设计教学框架

4.2 绿色城市设计专题

4.2.1 教学要求

从四年级开始，设计课的教学结构由一、二、三年级逐级叠合的进阶式水平结构转变为方向引领的平行纵向结构。四年级设计教学工作室分为城市设计、公共建筑、住区与住宅、学科交叉四个平行的方向，其中城市设计方向为建筑学专业学生之前未曾涉及的相对陌生的领域。在前三年的设计课中，学生的关注对象主要是单一建筑的问题与设计，而城市设计是以一定规模的城市空间作为研究对象，并与城市规划、景观设计有一定的交集，在基地的尺度和学科的广度上对学生来说有一定的挑战性。

四年级的城市设计专题主要考察学生综合解决城市问题的能力，课题通常要具有功能与环境的复杂性和设计问题的研究性，并需具备一定的规模，其技术深度上要把设计深入到详细总图与重要节点设计。其教学目标如下：（1）初步掌握城市设计的基本理论与设计方法，形成并运用城市设计的多维思考方法，能够处理一般地段的城市形体环境和建筑群空间组织的设计问题；（2）强调环境塑造与城市空间组织的技能与方法，掌握特定地域语境下的城市设计模式研究与环境软件仿真模拟相结合，并基于特定的目标导向对城市设计的对象、空间进行适度、有效地设计界定和实施引导；（3）掌握城市设计方案表达和成果编制的基本能力，初步了解我国城市设计成果编制的一般要求和格式标准。

城市是自然演进和人工建设及其互动的综合产物，其中自然要素又是城市人居环境体系赖以生存和发展的基础，在一定程度上对城市发展起着支配和限制性的作用。城市设计是自然环境和人工环境的综合。正确认识城市建成环境的自然要素（包括环境要素和气候要素）和人工要素的时空分布规律及其对城市环境的影响机理，对于合理进行城市规划设计和建设，改善城市生态环境，走可持续发展的道路具有十分重要的意义。

在此基础上，绿色城市设计专题的教学要求，体现在以下 4 个方面。

1. 气候适应性设计

特定地域的生物气候条件是城市形态最为重要的决定因素之一，它不仅形成了自然界本身的特殊性，还是人类行为与地域文化特征的重要成因，也是城市建设面临的自然挑战。自然气候条件在很大程度上决定了一个城市的结构形态、开放空间设计、街道与建筑群体布局等。影响城市环境气候的因素中包含非人为可控因素，例如云层厚度、风速等；而从城市设计的角度看，设计师需关注城市建设中影响气候的可控因素，如城市下垫面材料、人为热排放等，因此"形式追随气候"应成为绿色城市设计的重要准则。

在四年级绿色城市设计课题中，首要的教学要求是学习和认知自然要素和人工要素的相互制约适应关系，通过案例的学习熟知各类应用策略。

城市是由各种相互联系、相互制约的因素构成的系统。建立从宏观（区域—城市级）到中观（分区级）再到微观（地段级）的完整空间层级的城市设计关系非常重要。

区域城市级的城市生态设计的主要内容是整个城市物质形态和形体空间设计，类似传统的物质形态规划；二是市域范围内的用地形态、景观体系、空间结构、天际线、开放空间体系和艺术特色等内容。从区域级城市设计的角度，应做到处理好城市总体山水格局的建构，重点关注重大项目建设，注意调整和优化城市结构。

片区级城市生态设计主要涉及城市中功能相对独立的和具有相对环境整体性的街区。其目标在于城市整体的价值，为保护或强化该地区已有的自然环境与人造环境的特点和开发潜能，提供并建立适宜的操作技术和设计程序。应处理好新老城区自然生态关系的衔接，关注旧城改造和更新中的复合生态问题。

地段级的城市生态设计主要落实到一些较小范围的形体环境建设项目和具体建筑物上，如城市的街道、广场、大型建筑物及其周边外部环境的设计，主要应从遵循环境增强原理、采用被动式节能设计等方面加以考虑。

根据我国国情，具体可分为湿热地区、干热地区、夏热冬冷地区、寒冷地区。在课程教学过程中应考虑气候特点、基地选择、城市结构与密度、开放空间等方面进行设计。

2. 绿色交通设计

随着我国的快速城市化进程，城市机动车辆、非机动车辆数量和交通流量急剧增加，从而引发城市交通拥挤、高峰时段道路堵塞、交通事故和环境污染等一系列社会问题。面对严峻的现实，根据世界城市交通发展走过的历程和经验，中国城市交通急需寻找一种可持续发展的绿色交通途径和方法。绿色交通是指采用低污染乃至零排放、适合城市环境的运输方式（工具），来完成给定的社会经济活动。这一概念旨在通过促进环境友好型交通方式的发展，建立维系城市可持续发展的交通体系，以最小的社会成本满足人们的交通需求和实现交通效率最大化，以减轻交通拥挤，减少环境污染，合理利用资源，并使城市变得更加宜居，为子孙后代留下一个美好的未来。

四年级绿色城市设计课题主要要求学生掌握 3 个方面的交通策略：

（1）公共交通优先。为了实现基于环境友好概念的城市交通模式，人们就需要建立和保持一种相对快捷、舒适和可靠的公共交通系统，并赋予它们优先权。优先权有若干形式，包括交通和土地使用协调发展，如设立专供城市公交电车和公共汽车行驶的车道，并通过交通控制系统在十字路口给予优先通行权，另外包括多元化、一体化公共交通体系，实施不同公交方式之间的无缝换乘，如一票（卡）贯通制、合理布置各种公交站点（轨道交通、电车和巴士），并设立方便有效的标识系统等；还包括全面的公共交通优先权，如苏黎世和巴黎一票通行的公交分区制、美国亚特兰大的 MARTA 系统和丹佛的 RTD 公交体系；此外，还包括高速铁路及其他创造性策略。

（2）小汽车友好型城市的建立也至关重要。随着小汽车数量和使用的不断增加，汽车或许是未来最为重要的事关可持续发展的关键问题之一。欧盟从总体上预测 1990 ～ 2010 年使用汽车旅行的公里数将增长 25%（欧洲委员会，1996），因此，许多欧洲城市未雨绸缪，采取多项措施来更好地限制汽车，同时为市民建一些宽敞舒适的步行环境。这些措施包括交通平抑策略，建立限制小汽车社区，小汽车共享及其他适当的经济手段。

（3）低技生态型自行车交通在绿色交通体系中起到越来越重要的作用。很少有交通方式在环境保护方面能够超过自行车。这是因为自行车不排放废气，占用空间相对小，价格便宜，适合不同年龄段的人使用，并且还可以健身。提升自行车利用率，建立完整自行车网络，共享自行车，推广宣传自行车文化越来越受到人们的重视。

3. 开放空间优先

开放空间是指城市外部空间，具有开放性、可达性、大众性和功能性，它包括绿地、水域、待建的与非待建的敞地、农林地、山地、滩涂和城市的广场与道路等自然及人工系统和元素，是城市设计主要的研究对象之一。作为城市绿色基础设施的开放空间在城市中发挥着生态、游憩和审美功能。积极探索开放空间与城市生物气候设计的综合作用机理，最大限度地发挥其生态功能最为关键。

在四年级的城市设计教学过程中，课题对空间设计的要求进一步提高。在本科前三年的教学中，学生主要关注建筑内部的空间设计，而本次设计更关注城市的外部空间，要求设计产生的空间对城市产生积极的环境效益，提升城市公共空间品质。学生们需认知不同种类的开放空间对城市环境的影响，逐个考虑影响因素，如：城市外在条件、景观破碎度和连接度、开放空间布局和形态等。同时，通过案例学习城市开放空间的布局原则，并将之运用于自己的设计方案中。

4."低能耗"城市设计

"石油时代"的城市已经成为高能耗代名词，意味着能源的消耗与环境的退化。随着城市人口集聚功能日益增强、城市规模结构变化，城市的能源结构也随之变化，给建筑空间布局、构造与建造方式带来不同影响。

我国目前正处于工业时代向后工业时代发展的转折点，这一时期对城市而言，不仅要克服前期工业化的能源使用障碍，还要绕开后工业化打着新能源开发口号、却依旧大幅使用不可再生能源的陷阱。研究中国快速发展阶段的城市，大城市有序发展，其能源使用结构均相对传统，问题源于以下三个方面：人口高密度，快速城市化导致的人口进一步集聚；经济增长模式（如对不可再生资源的过度依赖）；中小城市无序扩张，其人口规模聚集效应滞后于城市的蔓延速度，能源使用结构也未合理优化。

四年级的绿色城市设计课题中，需注重去挖掘"超越石油城市"的相关理念，在绿色城市设计中运用降低能耗的策略。学生需要去关注城市中个人生活方式的改变，例如零能耗步行、骑行交通，绿色邻里营造，降低个人碳排放量。利用导则设计引导共享形式的消费习惯与半自足的城市运行模式，在宏观及微观层面协同降低对生态环境的压力。

4.2.2 典型教案与教学记录

RBD 中心区绿色城市设计与研究

（2013-2014 年度，本科四年级，指导教师：徐小东）

1. 课题背景

在我国快速城市化背景下，城市规模急剧扩张，人们在反思 CBD 建设泛滥成灾之时，一种新的展现城市休闲、办公特色的 RBD 区域蓬勃发展。与此同时，针对以往同类城市规划建设中出现的土地利用率不高、城市能流系统欠集约、建筑与城市空间地景整合不佳、缺乏因地因气候制宜考虑以及城市面貌千篇一律等现象与不足，亟待从理论与实践层面展开研究。

2. 教学主题

在地段级城市设计层面探讨绿色城市设计的方法与策略研究。

（1）绿色城市设计

绿色城市设计是在理论与方法上贯彻低碳节能和环境友好的思想，融合特定的生物气候条件、地域特征和文化传统，同时运用适宜和可操作的生态技术，以实现具有可持续性的城镇建筑环境营造的目的。

在操作层面上，绿色城市设计向上与同一层次的城市规划中的专项规划协调，向下则为绿色建筑规划和设计提供了城市尺度的依托平台。

目前，绿色城市设计主要关注以下几方面内容：土地的高效集约利用、能流系统的优化、绿色交通体系的构建、多元复合、气候适应性城市设计以及绿色城市设计评价体系的建立。

（2）技术手段

研究如何从绿色设计观念出发，特定地域语境下的绿色城市设计模式研究；与环境软件仿真模拟相结合；强化 CFD 或 ECOTECH 软件教学与应用。

（3）设计控制

研究如何从绿色设计观念出发，基于特定的目标导向对城市设计的对象、空间进行适度、有效地设计界定和实施引导。

3. 项目场地

基地位于宜兴氿滨大道以东，解放东路东端地区，南北长约 1.2km，东西宽约 0.6～0.9km，绿色设计协调区约 1km²，设计核心区约 0.36 km²。基地呈半岛形突入水面，环境优美（图 4-2，图 4-3）。

4. 成果要求

本案设计以组为单位完成设计，每组 2～3 位学生。

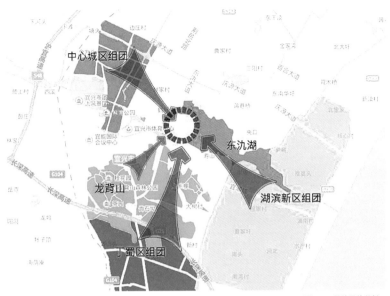

图 4-2　总体区位分析

图 4-3　基地周边功能节点分布

（1）总体设计

1）总平面图 1∶1000；

2）现状资源分析图若干（新城、滨水、RBD 中心区、文化中心、步行街）；

3）设计策略分析图若干（气候适应性、紧凑发展、绿色交通、混合功能等）；

4）设计控制分析图若干（肌理、尺度、开放空间、气候、功能、交通、能流系统等）。

（2）重要节点设计（高密度办公、酒店区节点）

1）RBD 中心区局部总图 1∶500；

2）地块首层、地下综合停车平面图 1∶500；

3) 地块场景透视图若干；

4) 地块控制分析图若干。

（3）其他

1) 过程研究模型 1:2000；

2) 城市设计策划说明与导则指标；

3) 绿色城市设计研究专题；

4) 综合以上内容的演示文件一份。

5. 参考文献

[1] 王建国. 现代城市设计理论和方法［M］. 南京：东南大学出版社，1991.

[2] 徐小东，王建国. 绿色城市设计——基于生物气候条件的生态策略［M］. 南京：东南大学出版社，2009.

[3] J.Barnett. An Introduction to Urban Design［M］. New York: Harper & Row, 1982.

[4] L. Halprin. Cities［M］. Cambridge,MA: MIT Press,1980.

[5] 周曦，李湛东编著. 生态设计新论——对生态设计的反思和再认识［M］. 南京：东南大学出版社，2003.

[6] DONALD WATSON,ALAN PLATTUS,ROBERT SHIBLEY. TIME-SAVER STANDARDS for URBAN DESIGN［M］.McGraw-Hill, New York, 2003.

[7] 西特著. 城市建设艺术［M］. 仲德昆译. 南京：东南大学出版社，1990.

[8] 吉伯德著. 市镇设计［M］. 程里尧译. 北京：中国建筑工业出版社，1983.

[9] 朱喜钢. 城市空间集中与分散论［M］. 北京：中国建筑工业出版社，2002.

[10] 王建国. 城市设计［M］. 南京：东南大学出版社，1999.

[11] 俞孔坚，李迪华. 城市景观之路——与市长们的交流［M］. 北京：中国建筑工业出版社，2003.

[12] 莫森. 莫斯塔法维. 生态都市主义[M].南京: 江苏科学技术出版社，2014.

[13] 王建国. 中国城市设计发展和建筑师的专业地位［J］. 建筑学报，2016（07）：1.

[14] 徐小东，王建国. 绿色城市设计——基于生物气候条件的生态策略［M］. 南京：东南大学出版社，2009.

[15] 徐小东，王建国. 基于生物气候条件的城市设计生态策略研究——以湿热地区城市设计为例［J］. 建筑学报，2016（07）.

[16] 王建国，徐小东. 基于可持续发展准则的绿色城市设计交通策略——

来自《绿色城市主义》的启示［J］.城市发展研究，2008（06）.

[17] 吴志强.超越石油的城市［M］.北京：中国建筑工业出版社，2009.

[18] 徐小东，沈宇驰.新型城镇化背景下水网密集地区乡村空间结构转型与优化［J］.南方建筑，2015（05）.

4.2.3 课程结构与教学组织

该教案设计任务包括地段级绿色城市设计和单体绿色建筑设计两个层级。作为绿色城市设计的教学实践，教学结构包含了 3 条教学线索，教学时间一共 8 周，在这 8 周中它们平行推进、相互交织（图 4-4）。

	讲课与评图	体形环境设计		课程重点
第一周	讲课：绿色城市设计——课题讲解	基地考察、相关案例分析、上位规划解读	总图设计 数据交互 形式修正	1.熟悉地形环境与课题要求 2.练习快图与模型，训练快速构思能力 3.查阅资料，学习典例
第二周	讲课：基于生物气候条件的绿色城市设计	现状调研与分析，规划思路解析 概念总图，相关体块模型		1.梳理功能分区与城市空间布局 2.提出绿色城市设计生态空间模式
第三周	讲课：超越石油的城市 生态城市主义	概念深化 空间模式研究	总图设计 数据交互 形式修正	1.总体方案推敲 2.空间—功能—场地循环深入 3.明确生态空间模式
第四周	讲课：森林都市 基于可持续发展准则的绿色城市设计	总图设计，空间设计		
	中期评图			
第五周		总图优化 技术路线梳理	总图设计 数据交互 形式修正	1.总体方案深化 2.布局—交通—地景循环深入 3.重点节点深化 4.明确生态空间模式
第六周		绿色技术，软件模拟，可视化分析		
第七周	讲课：设计表达	设计分析与表达	总图设计 数据交互 形式修正	1.梳理表达线索 2.总平定稿 3.各类分析图纸、模型定稿 4.排版、成果模型、PPT准备
第八周		正图与模型制作		
	终期评图			

图 4-4 课程结构与教学组织框图

线索一：课程组织、授课与评图。主讲教师根据教学内容和进度，在为期 8 周、每周 2 次的设计课中集中授课 6 次。第 4 周和第 8 周为系里统一组织的公开评图周，其中第 4 周是由本校老师参与交叉评图的中期答辩，第 8 周是由校外专家、本系其他年级教师和本年级相关方向其他课题教师参与的终期评图与答辩。

线索二：城市设计课程规定了周密详实的空间塑造和环境设计教学内容与进程，包括总图、重要节点设计、建筑形体设计三种尺度由大及小、内容逐级深入的进阶模块，成果包括相应比例的模型和图纸。

线索三：引入绿色城市设计策略学习和应用环节。学生需要学习运用必要的模拟分析软件，如天正、Ecotect 等来推敲和推进设计。这一过程会反复多次，在体形环境与软件模拟分析之间进行多次交互，相互调适。

如在 2013 年秋季的课程教学中，吴舒和何朋同学的作业中，建筑形体的确认是反复修改和软件模拟对比的结果。在测得场地风环境后（图 4-5），首先在场地中放置常规满铺的建筑体量，而这样的体量在通风模拟运算后显然效果不尽如人意。在此基础上，同学们开始思考为什么和如何提高通风效益的问题，结合前几周的授课，他们开始有意识地分解建筑体量，留出风廊，并进一步切削塔楼，以求达到最佳通风效果（图 4-6）。

这样的教学内容明显比单纯教授软件用法和设计方法要有效得多，也增加了不少工作量，但该项内容并不要求每组同学都应用。在教学过程中

场地生态分析

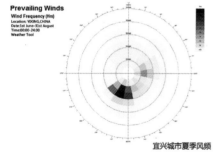

宜兴城市夏季风频

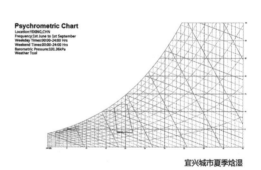

宜兴城市夏季焓湿

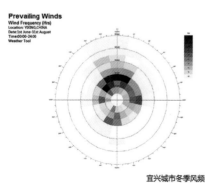

宜兴城市冬季风频

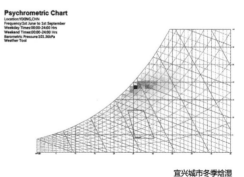

宜兴城市冬季焓湿

图 4-5　场地风环境

并不强求使用软件模拟推导设计,学生可以根据自己的设计理念,围绕绿色城市这一主题选择在不同方面深化设计。

　　例如在2014年秋季的课程教学中,吴奕帆、姚舟、陈乃华的作业"MIX",其着重点是在创造出富有活力的街区模式的办公来取代以往大尺度的写字楼。他们首先根据容积率的要求将场地铺满,然后根据精明增长理论中,街道宽与沿街建筑高度的最佳比例调整建筑层高和道路宽度;依据界面开口数量比例的最佳模式逐步调整街区尺度和建筑数目;依据南京地区冬夏两季的风向反复调试基地建筑的形体组成和地形塑造,以期在冬夏两季获得较为舒适的室外风环境 (4-7)。

场地通风模拟图

2米高度　　　　　　　　　　14米高度

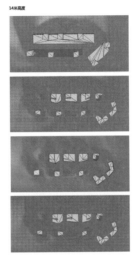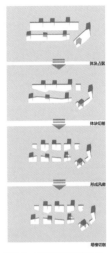

图 4-6　气候适应性建筑操作

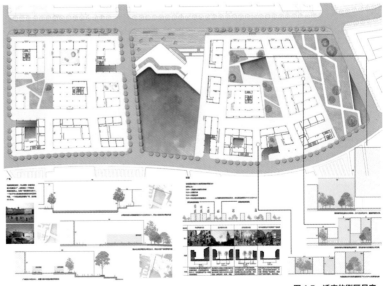

图 4-7　适宜的街区尺度

141

4.2.4 优秀作业

1. MIX

学生：

吴奕帆

姚舟

陈乃华

指导教师：

徐小东

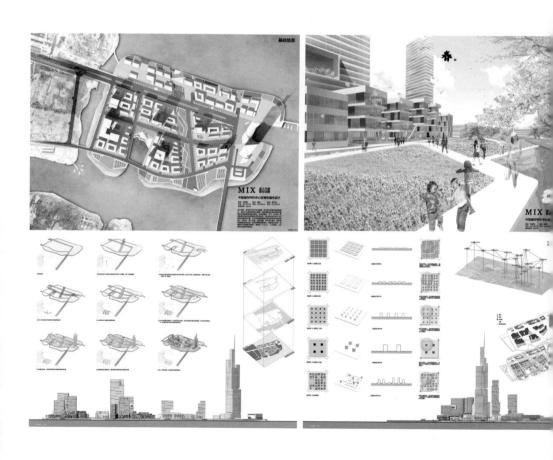

教师点评：课题从绿色设计出发，针对目前国内大规模兴建写字楼、空置率居高不下的现状进行了反思，设计者将这种现象的原因归结为空间的隔离，并认为这种缺乏活力的"空城"造成了资源的极大浪费，成为城市最大的"不绿色"原因之一。因此，前期学生花了很多时间研究宜人尺度的街区，包括了巴塞罗那等城市的案例研究，一定程度上知晓了欧洲绿色城市主义、美国精明增长等西方最新的城市设计理念。

方案首先面对水湾打开一条绿轴作为视觉轴线，在面对龙背山和太湖的方向打开引入两个港湾水系以激发场地活力，并用滨水步道将这三要素串联起来，鼓励绿色交通方式。在此基础上探讨了街道尺度与人的行为关系，并逐一对街区大小、街区开口数量、街道界面等展开多方案比较和深化设计。与此同时，优化风环境切削建筑形体，同时留出部分公共活动用地，创造出一个活力办公港湾（图4-8）。

除了将尺度作为设计重点之外，在单体设计中也运用了一些绿色策略，如较为完整的雨水回收系统和太阳能系统，较好实现了此次课程训练的目的。

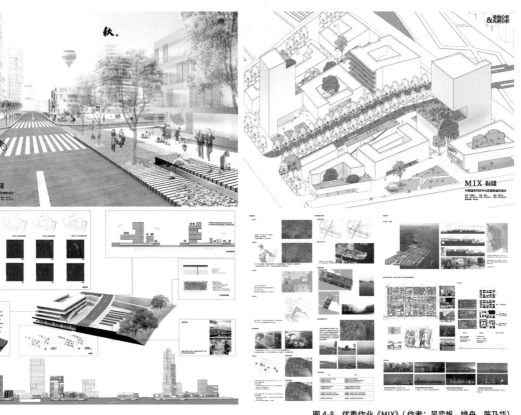

图4-8 优秀作业《MIX》（作者：吴奕帆，姚舟，陈乃华）

2. 宜兴东氿RBD中心区绿色城市设计

学生：
王倩妮
钟强
Osei Asante
Ebeneze

指导教师：
徐小东

教师点评：该作业的应对策略是将场地的开放程度最大化，以得到高品质的城市公共空间。首先将场地分为商业、酒店、办公、企业总部四大分区，不同分区解决不同问题。应对场地功能分区，调整公共空间形式，激发不同形式的公共活动并创造景观视线。

经过设计，将滨水区商业街打造成为商业与休闲一体化的公共区域；中央办公区公共空间视野开阔，层高较高，可远眺城市山水，其中二层架空设计，遍布绿植，使得一二层成为了城市的"绿廊"；酒店区公共空间三面环水，视野辽阔，激发城市大型公共活动，从而转化为城市公园的一部分。

结合气候条件，精心打造适应不同季节特点的中心立体步行空间，通过二层平台与东北角游艇俱乐部形成一个整体。提高太阳能、风能、雨水回收等自然资源的利用，严整构思建筑表皮、垂直森林等生态设计方法和策略（图4-9）。

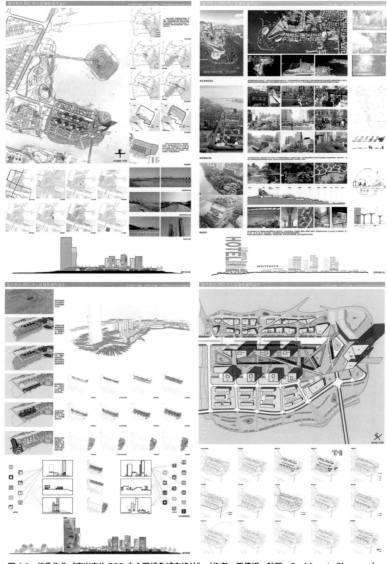

图4-9 优秀作业《宜兴东氿RBD中心区绿色城市设计》（作者：王倩妮，钟强，Osei Asante Ebenezer）

3. 基于多维整合的 RBD 中心区绿色城市设计与研究

学生：
吴舒
何朋

指导教师：
徐小东

教师点评： 吴舒与何朋同学的作业打开了场地北面和西面湾口处的水系，创造了一条贯通场地的河流，并与湖泊水系连成一体。在这条水系上布置了三个主要节点和三条南北贯通的轴线。建筑依据通风模拟的结果进行切削形成风廊，并充分兼顾了日照条件。

中央主要建筑多为塔楼，通过形体切削引入夏季风，裙房采用玻璃幕墙增强商业氛围。结合商业设置景观，通过绿化和台阶创造亲水环境和活跃氛围（图 4-10）。

（本节内容是根据徐小东主持的四年级绿色城市设计课程的教案发展而来，徐小东、吴亦帆、刘桎昂、张炜等参与了编写工作。）

图 4-10 优秀作业《基于多维整合的 RBD 中心区绿色城市设计与研究》（作者：吴舒，何朋）

4.3.1 教学要求

作为四年级设计教学四个平行方向之一，公共建筑是直接衔接前三年教学的最核心的类型方向。如果说前三年的设计教学是以空间为核心，将复杂的建筑问题分解为若干专题的分析式教学，那么四年级的公共建筑课题则是综合各类问题的整合式项目设计教学，要求具有功能与环境的复杂性和设计问题的研究性，并需具备一定的规模（10000m^2 以上）；在技术深度上要求综合体现结构和机电专业的知识要点，并把设计深入到体现材料与构造内容的重点空间深化（1∶50）与墙身细部大样（1∶20）。

在此基础上，绿色公共建筑设计专题的教学要求体现在以下三个方面。

1. 性能导向设计

建筑的空间形态与组织状态在根本上决定了建筑环境的质量与性能，在强调低碳节能与可持续发展的今天，相对于技术专业分别改进各自设备的努力，建筑专业通过有效的空间组织、合理的体型和构造设计，以空间本身的形态和组织状态来实现对室内外环境的性能化调节，其效果更具有决定性。这就是在整个绿色建筑设计教程体系中具有核心意义的"空间调节"理论，是一种不耗能或少耗能的被动式建筑设计策略，也是绿色建筑设计与教学实践的认识论基础。

在四年级绿色公共建筑设计课题中，首要的教学要求是学习和尝试应用建筑空间生成与环境能耗数值模拟分析交互驱动的性能化设计方法。

所谓"性能"，具有多方面的含义，在这里特指低碳环境与绿色建筑目标指向的环境物理性能。性能化设计，是在低年级形成的定性认识和经验性策略的基础上，引入环境和能耗性能数值计算的模拟分析软件，例如用于建筑生态环境单项分析或综合分析的 Ecotect 软件，用于能耗模拟分析的 EnergyPlus 软件，用于风环境、热岛效应、室内自然通风模拟分析的计算流体动力学 CFD 软件等，改变单纯以经验判定为依据的"模糊经验型"和"试错型"方法，提升建筑设计的科学化和定量化水平。在包括总平面布置、体型设计、空间形态组织、围护结构设计以及构件与构造设计的各个环节上，学习和探索建筑空间生成与环境能耗数值模拟交互驱动的设计方法，提高设计效率，以科学的理性和清晰的逻辑驱动设计方案的性能优化，并在性能目标前提下进行综合判定和科学决策。

以合理舒适度和低能耗为目标的性能化设计教学，具体体现于适应性体型、低能耗空间、交互性表皮和性能化构造四个方法性环节。

2. 环境资源综合

建筑不是孤立的空间系统，也不是抽象的审美对象，它从来就是环境的组成部分。空间、形体、材料与构造应该归置到与环境的相对关系中去考量。四年级的设计课本身就通过城市设计和学科交叉等方向的课题，拉宽学生对空间的认识，进入到城市与自然系统的维度中。对于建筑环境和能耗的认识也应置于由建筑与外部环境共同构成的资源总体中去评价。

四年级绿色公共建筑设计课题强调整体环境中的综合资源可持续性，体现在两个方面的拓展。

首先，观察和思考的对象从单纯的建筑物拓展到环境中的自然系统：森林、水体、耕地、地形的起伏、阳光以及风向和风速等，还包括基础设施，如网格、道路、人流、物流和信息流，以及市政系统等。设计的方法也从对静态、孤立、终端式的景象描绘转向在系统层叠和历时进程中，对动态过程更具弹性和策略性的激发与控制。

其次，空间设计与环境舒适度及能耗分析的交互驱动需拓展到一定范围的室外环境中，风、光、热的分析计算，不仅影响到总图的经营，而且塑造着建筑的形体，关系到内部空间的组织。由此，回归到一个基本的认识，建筑设计是在有限的空间和资源总体中，创造一个均衡的、具有整体性的、可持续的、美的环境。

3. 性能化细部

绿色公共建筑设计的教学导向除了在外延上向外部环境、景观、自然系统、基础设施拓展外，对于建筑自身，则要求深入到典型局部的墙身、节点与构造研究，在细部设计中贯彻提高舒适性、降低能耗的要求。

四年级的建筑设计教学对材料与建造技术提出明确的要求。与低年级围绕非物质的空间这一核心主题不同，高年级的设计教学开始触及建筑的另一个平行驱动力——材料与建造，并因此讨论物质及其所属资源系统的可持续性。学生们需将之前学习的关于材料、构造与设备系统的知识运用到项目设计中，在材料组织中结合考虑低碳、节能与减少环境污染的要求，鼓励选用木材、竹材、再生砖等更体现可持续性的材料。在细部节点与构造设计中，实现高热工性能围护、可调节遮阳、选择性天然采光和自然通风、立体绿化等性能化构造，使得绿色建筑的理念从 1/2000 的总图贯彻至 1/20 的节点。

4.3.2 典型教案与教学记录

南京某科技园区环境整合与物联网工程中心设计

（2010-2011 年度，2013-2014 年度，本科四年级，指导教师：张彤）

1. 课题背景

能源与环境危机是当前人类面临的重大挑战，作为占全社会能耗 40% 的建筑业，其节能减排关系到人类社会整体可持续发展的进程。建筑环境的可持续发展是整个国家乃至全球可持续发展战略的重要组成部分，也是自 20 世纪 90 年代以来建筑学科在国际范围内最具前沿性的重要发展方向之一。

低碳节能的绿色策略贯穿建筑全寿命周期的各个环节，也涵盖建筑设计各个专业的工作。在建筑设计中可以通过合理的空间组织和构造设计，以不耗能或少耗能的方式来实现对室内环境舒适度的调节，降低能耗，称为建筑节能的被动式技术，包括提高围护结构热工性能、形体遮阳、自然通风、天然采光、生态绿化等技术策略。空间与形体的选择设计在根本上决定了环境和建筑的生态质量与节能性能，相对于工程师们改进设备的努力，建筑师的工作是事半功倍的。

作为本课题设计对象的某科技园区位于城市边缘地带，所处环境呈现出20年来中国城市化过程形成的典型城市肌理，异质杂呈，支离破碎，期待和记忆同样混乱（图4-11）。二十年的发展中，该企业经历了目标的调整壮大，园区用地的蔓延扩展，以及两期园区环境的跳跃式建设，是中国不确定性城镇化的平行印证。对存量空间环境的修补、改造与整合是量化扩张后中国城市建设面临的主要任务，在大刀阔斧的跃进之后，建筑师应具备更为谨慎的技术态度和准确的技术能力，织补断裂的空间环境，发现和重建肌理结构，连接历史的印记与未来的发展。

2. 教学主题

（1）绿色节能

贯彻"空间调节"的设计理念，以被动式设计策略，通过合理的空间组织和构造设计，提高能源利用效率，减少能耗。选择风、光、热、水任一环境物理因子，学习应用相关技术软件进行空间物理环境及能耗的量化模拟分析，学习和尝试应用建筑空间生成与环境能耗数值模拟交互驱动的性能化设计方法。

图 4-11　碎片化的场地环境

（2）环境整合

在扩展的园区总用地中，将一期现状建筑、二期与三期的规划建筑以及道路、绿地、水面、广场、高速公路声屏障、停车设施等环境设施融合成为一个有机的整体；倡导土地的复合利用和空间资源的高效开发；创造出具有明确空间特性和识别感的积极的外部空间环境；将基础设施与景观因素融合进空间规划中，使园区成为融建筑、基础设施和景观为一体的高效、宜人的创新型科研环境。

3. 项目场地

项目所在场地位属南京市马群科技园，马群互通的东北象限，是仙林新城"四区两园"结构的重要组成部分；场地地处钟山风景区的边缘地带，又位于沪宁高速公路南京入口处的重要位置。

园区总用地面积 102796m²，其中现有建筑面积 19890m²。高速公路周边的绿化防护要求对建设提出限制和要求，详见地形图（图 4-12）。

4. 设计任务书与规划要点

（1）园区整体环境设计

总用地面积 102796 平方米，现有建筑面积 19890 平方米，规划建设物联网工程中心 22000 平方米，对外接待酒店 3000 平方米，职工公寓和生活服务设施 6000 平方米，机动车停车数 400 辆。（所有建筑面积均指地面以上部分）。

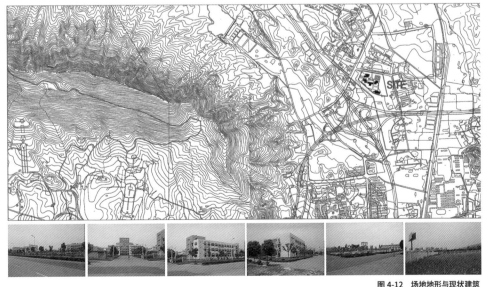

图 4-12　场地地形与现状建筑

（2）物联网工程中心

功能与面积分配，见图 4-13。

地面以上				地面以下			
功能块	功能细分	面积	备注	功能块	功能细分	面积	备注
感知体验区与数据控制中心	感知体验区	2000㎡		设备用房	空调机房	100㎡	
	数据控制中心	1200㎡			冷冻机房	150㎡	
	小计	4000㎡			变配电间	100㎡	
对外服务平台		4000㎡	分别为医药、交通、物流对外服务运营		水泵间	75㎡	
RFID 国家工程技术中心		6000㎡			生活水池	75㎡	
科技研发孵化器		5000㎡			消防水池	150㎡	
					小计	800㎡	
会议区		1000㎡	设400座大会议厅1个，30~50人小会议室若干	机动车停车库		自定	停车位数与面积根据园区整体环境设计权衡确定
公共服务		2000㎡	门厅、咖啡、书吧等其它公共空间				
总计		22000㎡	各部分均包含辅助空间面积	总计		800㎡ +	

图 4-13 功能与面积分配表

规划要点：

1) 高速公路防护带要求：距离高速公路 50m 范围内为禁止建设区；距离高速公路 50 ～ 100m 范围内为谨慎建设区，需考虑高速公路的绿化防护与隔声要求，合理规划功能内容，控制建设容量。地面以上建筑退后沿北侧金马路、西侧仙林大道用地红线 20m；

2) 地下室退后用地红线均不小于 3m；

3) 容积率≤ 1.0，建筑密度≤ 30%，绿地率≥ 40%，建筑高度不超过24m；

4) 整体园区范围配建 400 个机动车停车位。

5. 成果要求：

本案设计以组为单位完成设计，每组两个学生。

（1）园区整体环境设计

园区整体环境模型 1:500，材料自定。

园区总平面图 1:500，要求标注场地环境、建筑形体的控制性平面尺寸与竖向标高。

总平面体形与空间环境分析图：包括功能分区、形体与空间组织、道路交通结构、绿地与景观系统、消防安全疏散。

总平面绿色环境设计技术分析图：所选环境物理因子的设计分析（室外风环境分析、光环境分析、绿地率与可渗水地面面积比分析等）。

总平面技术经济指标。

（2）物联网研究中心建筑设计

建筑设计说明与经济技术指标。

建筑设计模型 1:300，材料自定。

透视渲染图。

各层平面图 1:300，要求编制轴号、标注外包尺寸、柱网尺寸与楼面（屋面）标高。

4 个立面图 1:300，要求注明主要立面材料，标注主要轴号、建筑形体的控制性平面尺寸与标高。

2 个以上剖面图 1:300，要求标注主要轴号，标注标高与两道竖向尺寸，及控制性平面尺寸。

典型外墙墙身剖面或构造节点设计 1:20 / 1:10，注明材料与做法，标注轴号与标高，标注柱网、构件与细部尺寸。

设计分析图：

1）总平面分析图：体量与方向；

2）总平面分析图：流线与出入口；

3）分层轴测分析图：功能；

4）分层轴测分析图：流线；

5）被动式节能策略技术分析图：体形组织、围护结构保温构造、表皮构造、形体遮阳、自然通风、天然采光、立体绿化等；

6）消防分析图：防火分区、疏散楼梯与消防控制室。

其他表达设计内容的必要图件。

6. 参考文献

[1] 张彤 . 绿色北欧：可持续发展的城市与建筑 . 南京：东南大学出版社，2009.

[2] 李海英等 . 生态建筑节能技术及案例分析 . 北京：中国电力出版社 . 2007.

[3] 张彤 . 空间调节——中国普天信息产业上海工业园智能生态科研楼的被动式节能建筑设计 . 生态城市与绿色建筑（创刊号，春季刊2010）:p82-94.

[4] 苏玲 . 夏热冬冷地区生态建筑围护结构设计策略研究－兼论中国普天信息产业上海工业园智能生态科研楼设计 . 东南大学硕士论文 . 2008.

[5] 朱君 . 绿色形态——建筑节能设计的空间策略研究 . 东南大学硕士论文 .2009.

4.3.3 课程结构与教学组织

这个教案的设计任务包括该科技企业园区的整体环境设计与物联网工程中心建筑设计两个部分。作为绿色公共建筑设计的教学实验，教案设施包含了贯通八周的三条教学线索，它们平行推进、相互交织、交互驱动，形成整体的教学结构。

线索一，是课程组织的讲课与评图。主讲教师张彤教授对应教学推进的内容，分别在第一周、第二周和第六周做了题为"空间调节——被动式节能设计策略"、"绿色建筑设计与节能指标体系"以及"设计表达"的课堂讲授；在第四周和第八周周末则是分别由年级和系组织公开评图，由校外专家、本系其他年级教师和本年级相关方向其他课题教师组成答辩组审查作业。

线索二，是四年级常规公共建筑体形环境设计教学的教程推进，包括总图（本课题中拓展为包含景观系统生成的整体环境设计）、建筑单体、重点空间深化与墙身节点大样四个比例由大及小、内容逐级深入的进阶模块，成果包括相应比例的模型和图纸，设计深度达到初步设计技术要求，局部深入到节点大样设计。

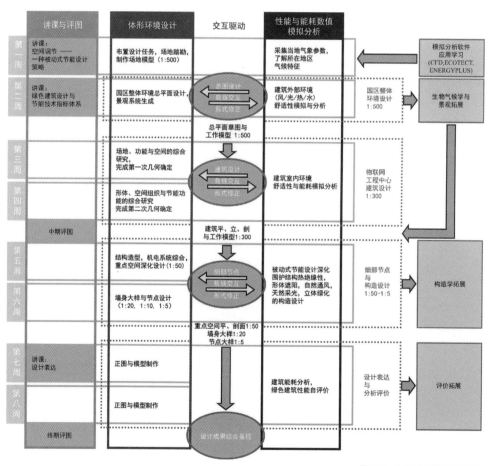

图 4-14　课程结构与教学组织框图

线索三，即在绿色建筑教学中专门引入的性能与数值模拟分析内容。学生们需要学习运用必要的模拟分析软件，如 CFD、Ecotect、Energyplus 等，在体形设计的相应阶段，模拟分析空间环境的舒适性与能耗指标，对前者进行修正。这一过程会反复几次，在体形环境与数值模拟分析之间实现多次数据交互与形式修正，在交互驱动中推进设计。这也是绿色公共建筑设计教程的核心链条。（图 4-14）

如在 2010 年秋季的课程教学中，潘晖和林岩的作业"等高线"，其着重点是在南京夏热冬冷的气候条件下，风对调适人体舒适度的重要作用，及如何在建筑形体的设计和组织中创造良好舒适的风环境。（图 4-15）他们首先根据紫金山东麓的地形构成，以等高线为技术工具，在大地形中生成由建筑和环境形态组成的园区微地形。（图 4-16）在此基础上，根据南京地区冬夏两季的风速等高线和风压等高线，反复调试园区建筑的形体组成和地形塑造，以期在冬夏两季获得较为舒适的室外风环境（图 4-17）。

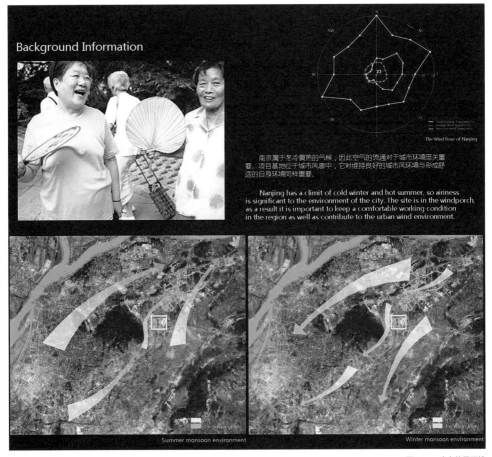

图 4-15　南京的风环境

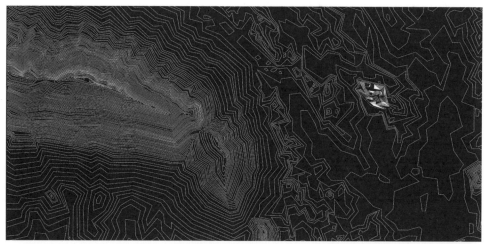

图 4-16　设计起始的等高线操作和地形生成

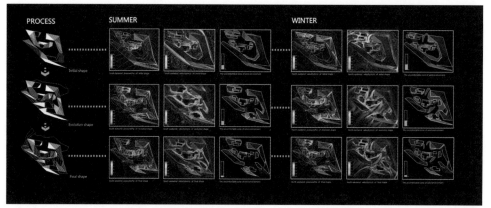

图 4-17　风环境模拟分析与形态塑造交互驱动的设计过程

　　这样的教学内容明显比普通课题增加了工作量，在八周的教学周期中较难保证每位同学都能完整执行。我们在课程结构的若干环节中增设了拓展出口，如在园区整体环境设计环节设置系统生成的景观设计拓展，在细部节点与构造设计环节设置构造设计拓展，在设计表达与分析评价环节设置评价体系研究与自评拓展。学生根据自己的能力特点，可以在不同的拓展出口中深化设计，对其他环节的深度要求可以略做放松。但是在拓展方向上，仍然强调对实现环境资源高效利用、达到高舒适度低能耗环境目标的设计策略的学习和训练。

　　例如，在 2013 年秋季的课程教学中，孙柏和郑倩同学的作业"Flat Field"，学习运用景观都市主义的技术策略，在整体环境层面上，向一个更具包容度和弹性的"景观"概念拓展。（图 4-18）作业叠合了场地与周边区域诸多历史与现实信息，试图建立一种综合反映历史印记、地理形态、资源与景观构成的扁平状的场域，探究其复杂的肌理，创造一种柔性、混杂、共生和互联的可持续性环境（图 4-19 ～图 4-21）。

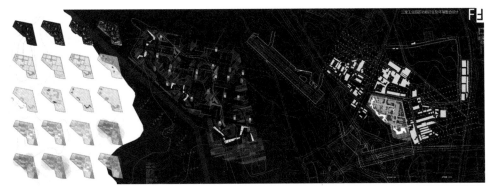

图 4-18　Flat Field_景观系统的分析与综合

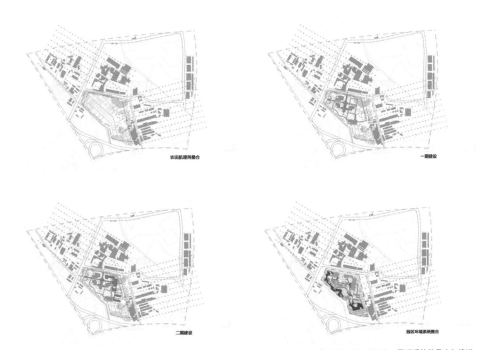

农田肌理再叠合　　　　　　　　一期建设

二期建设　　　　　　　　园区环境系统整合

图 4-19　Flat Field－景观系统的叠合与演进

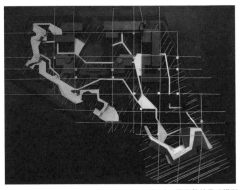

图 4-20　Flat Field－园区整体景观模型

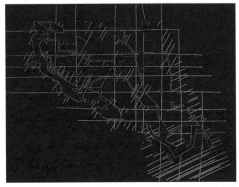

图 4-21　Flat Field－园区景观结构模型

155

4.3.4 优秀作业

1. 等高线

学生：
潘晖
林岩
指导教师：
张彤

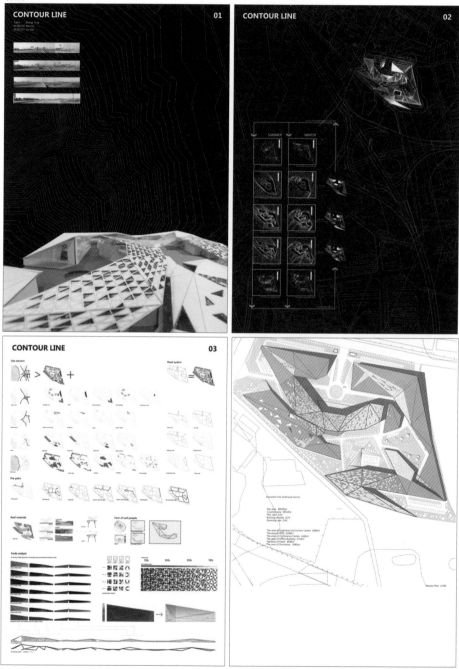

教师点评：潘晖和林岩同学的作业以风环境为切入点，探索空间形体、气候适应与节能降耗之间交互驱动的设计方法。作业首先从紫金山东麓的地形环境入手，以等高线为操作工具，塑造园区的"微地形"和建筑群形体，之后运用 CFD 软件，在风压等高线和风速等高线图中，模拟冬夏两季园区内风环境，在多轮的数据交互中，修正建筑形体与空间组织。不仅如此，"风的塑形"还深入建筑内部的空间组织以及幕墙的细部与构造设计。该作业较为完整地贯彻了绿色公共建筑设计的教案要求，在教学组织的各个环节中，取得了令人信服的成果（图 4-22）。

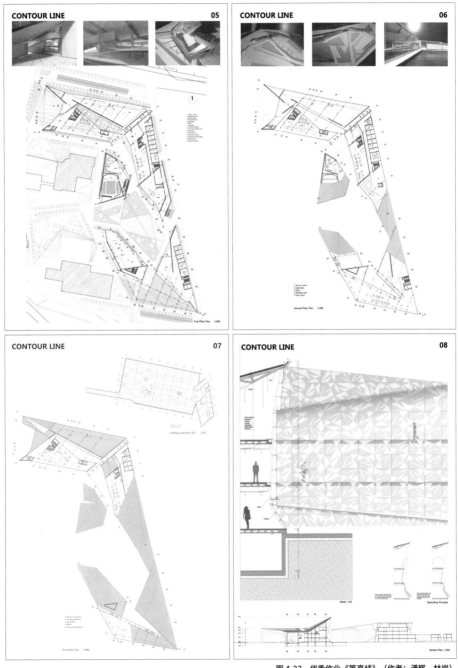

图 4-22　优秀作业《等高线》（作者：潘晖，林岩）

2. Pixel Topography

学生：

江雯

方怡闻

指导教师：

张彤

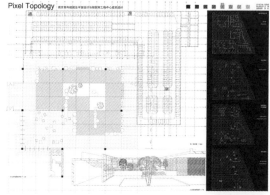

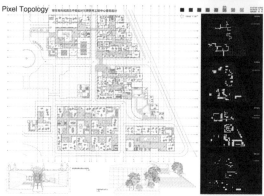

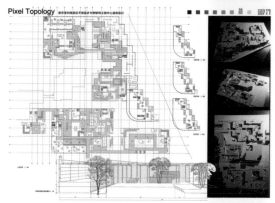

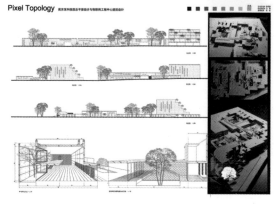

教师点评：该作业将园区及其周边环境视作由建筑、地形、道路、绿化、风、光、水及基础设施构成的整体性的景观"织毯"，并以称为"像素"的微小单位组成网格，操作其中的组成元素在关联中的衍变。设计引入 CFD 软件，模拟其中的风环境，并修正景观系统的构成。在建筑设计环节中，依然秉承总图阶段消除建筑与环境二元区分的理念，在统一的网格中，以院落为单位，组织生成室内外空间，在与自然系统的交融中，创造宜人的、可持续的科技研发环境（图 4-23）。

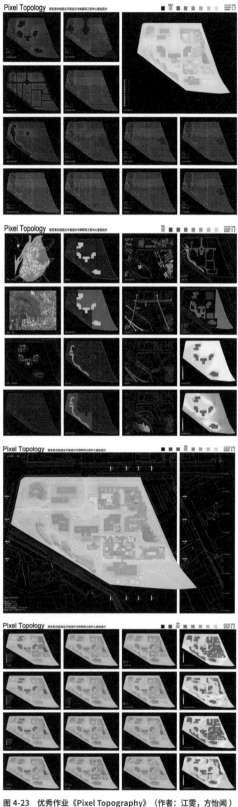

图 4-23 优秀作业《Pixel Topography》（作者：江雯，方怡闻）

159

4.4.1 教学要求

住区规划及住宅设计是四年级建筑课程设计的一个重要方向，随着社会的发展，城市住区已不满足于单一的居住功能需求，通过解析居住环境的构成要素，让学生理解居住建筑与环境之间的关系，认识到住区与社会、文化、历史等多重因素之间的相互影响，了解当前居住环境和住宅设计的发展趋势和新的技术要求。顺应当前绿色建筑的社会发展需求，绿色建筑设计教改中以可持续性主题作为住区设计的课程训练目标。

住区的绿色设计应建立在自然资源与文化资源和谐关系的基础上，根据当地环境的资源状况，强调优化组合住区的功能结构，主张实行3R原则，即：减少使用（Reduce），循环使用（Recycle），重新利用（Reuse）。在时间上具备动态适应性，经济上应是低成本的，技术上是以绿色技术为支撑的，使用上能够自我维持，同时具有满足全面生活需求、高效和谐、自养自净、无废无污、节能节地、文脉延续等特性，是实现生态经济和社会效益相结合、可持续发展的一种新型住区。

通过课程设计使学生对绿色建筑及住区的概念有所了解，熟悉绿色住区的设计程序。通过研究确定绿色设计目标；在设计过程中对基本的生态技术手段有所了解并鼓励在规划设计中加以应用，提倡从传统中学习，采用符合当地气候的住宅布置、平面、立面和剖面设计，选用经济合理的结构，以及新的能源利用形式等。

与此同时，按照住区方向建筑设计的课程要求，应在设计中学习居住区规划和住宅设计的基本知识、设计特点和设计方法，并熟悉我国住宅相关政策和规范要求等，此外还应学习住区规划结构、功能布局、空间组织、日照分析、经济技术指标等方面的内容。掌握住宅设计的基本方法，培养学生从生活出发研究住宅设计问题，了解住宅功能需求、流线尺度及组织方式，理解居住需求和生活模式对住宅设计的影响，具备住宅套型设计能力。

本课程主要从住区规划和住宅设计两个层面结合绿色设计理念展开课程教学。

1. 绿色场地设计

（1）场地评估

通过对基地的前期调查，认识基地物质及文化的价值所在，并对用地的现有要素进行评估；现行的《绿色建筑评价标准》GB/T50378-2014明确提出：绿色建筑评价应遵循因地制宜的原则，结合建筑所在地域的气候、环境、资源、经济及文化等特点，对建筑全寿命期内节能、节地、节水、节材、保护环境等性能进行综合评价。

（2）场地绿色设计程序

在住区项目开始之前，制定绿色建筑的设计准则和目标，对未来的场地、环境、能源、用水、材料及经济等诸多因素进行评价，鼓励居民参与，采用资源有效利用的设计和建造方法。

（3）场地绿色设计要求

在建筑的选址、朝向、布局、形态等方面，充分考虑当地气候特征和生态环境；应充分遵循节地原则，合理规划住宅、配套公建、道路、绿地等项目的用地，以提高土地使用效率；宜采用先进的建筑体系，以提高住宅的有效使用面积和耐久年限。

应充分遵循节能原则，根据当地的自然气候条件，采取有效的建筑节能措施，并充分考虑可再生能源的使用，可再生能源的使用率应达到一定的水平。

应充分遵循节水原则，尤其要注重节水技术、雨水利用与中水利用等循环水利用技术。

建筑风格与规模和周围环境保持协调，保持历史文化与景观的连续性。

道路交通顺畅便捷，分级明确，小区道路与城市公共交通站点衔接关系良好，能满足消防、救护、抗灾及避灾等要求。

小区环境绿化、生态景观设计与建设应尽量保留有利地形地貌，注重自然资源的组织、自然降水的收集利用、自然水系的生态性修复，以调节小区气候，净化空气、水质、降低噪声、减少环境污染。

其他方面参考《绿色建筑评价标准》 GB/T50378-2014 各项要求。

2．绿色住宅设计

在满足住宅设计各项要求之外，还应在以下方面有所侧重：

(1) 与当地气候适应的形式设计，建筑风格与规模和周围环境保持协调，保持历史文化及景观的连续性。

(2) 住宅单体设计兼顾普适性和多样性的要求，基于行为方式、行为尺度、人体尺度等，深化户内空间设计研究。户型设计在经济、合理的同时应具有灵活性，考虑长效性。

(3) 建筑设计中综合应用绿色技术：

1) 提高建筑围护结构的保温隔热性能，采用由高效保温材料制成的复合墙体和屋面及密封保温隔热性能好的门窗，采用有效的遮阳措施。

2) 能量综合利用合理，采用蓄冷蓄热系统；以主动和被动的方式综合利用太阳能，被动式是指通过建筑构造设施，如蓄热材料利用、阳光房和玻璃阳台等使建筑被动受益；主动式是通过技术设备措施如太阳能热水器及光伏电池板等将太阳能转化为其他能源形式，融入建筑整体设计，可有效降低建筑能耗指标。

3) 节材与材料资源利用 不得采用国家和地方禁止和限制使用的建筑材料及制品；建筑造型要素应简约，且无大量装饰性构件。择优选用建筑形体；对地基基础、结构体系、结构构件进行优化设计，达到节材效果；住宅建筑土建与装修一体化设计；采用工业化生产的预制构件；采用整体化定型设计的厨房、卫浴间。选用本地生产的建筑材料；合理采用高耐久性建筑结构材料；采用可再利用材料和可再循环材料；使用以废弃物为原料生产的建筑材料；合理采用耐久性好、易维护的装饰装修建筑材料。

4）室内环境质量，学习掌握计算机辅助设计软件如 ECOTECT、AIRPARK 等，对室内外日照环境、温度环境、通风状态（如风向、风速、风压）等状况进行模拟。

5）建筑造型与垂直绿化、新能源设施等相结合。

4.4.2 典型教案与教学记录

绿色住区（可持续住区）设计

（2004-2017 年度，本科四年级，指导教师：张玫英）

1. 课题背景

可持续发展理论已影响到人类生活的方方面面，成为未来发展的方向。目前在建筑领域已逐步确立起绿色建筑体系，体现在居住建筑中提倡以人类生活的健康、舒适为宗旨，以生态环保的设计理念塑造环境条件舒适的住区。住区的绿色设计是指遵循科学的可持续发展原则，以生态系统的良性循环为基础，以人与自然的和谐为核心，在住区建设和使用过程中，科学有效地利用自然资源和文化资源，结合系统工程方法和多学科现代科技成就，使住区对资源的消耗以及对环境的污染冲击降到最低限度，为人类营造自然、舒适、环保、健康、优美、便捷的居住生活环境。

《中国 21 世纪议程》提出："改善人类住区的社会经济和环境质量及所有人的生活和工作环境"，在住房、管理、综合环境基础设施、能源系统及水、卫生、排水及固体废弃物管理等方面都提出具体的任务要求，从中可以看到住区的建设涉及方方面面。特别是自 2015 年 1 月 1 日起实施的《绿色建筑评价标准》GB-T50378-2014 中将居住建筑单独立项，从节地、节能、节水、节材、室内环境、施工及运营管理等方面提出详尽而明确的评价标准，对绿色住区的设计和评价建立起较为完整的操作与评价体系。

2. 教学主题

鉴于绿色住区设计的综合性要求及课程设计周期的限制，在住区设计教学中结合课题设定绿色设计目标，可关注以下方面：建筑与环境的关系；改善住宅的保温隔热性能；能源的节约利用、建材选择和室内环境；水资源的回收和利用；绿色能源与资源的利用；采用生态绿地、墙体绿化、屋顶绿化等多样化的绿化方式；住宅设计考虑灵活性及长效性；采用对环境友好的建造方式，将环境作为整个建筑过程中的考量因素，使其贯穿于从原材料选择到建筑物拆除或再利用的各个环节。

设定绿色和生态的发展目标，采用一种综合的、而不是若干单项指标来对其发展和实现程度做出评价。采用《绿色建筑评价标准》体系进行综合评价。

绿色住区设计包括场地及住宅设计两个方面。

（1）绿色场地设计

结合现状地形地貌进行场地设计与建筑布局，保护场地内原有的自然水域、湿地和植被，采取表层土利用等生态补偿措施；充分利用建筑场地周边的自然条件，如图 4-24 所示，设计时结合用地周边的湿地公园，尽量保留和合理利用现有适宜的地形、地貌、植被和自然水系。

场地设计时充分利用场地空间合理设置绿色雨水基础设施；设置下凹式绿地、雨水花园等有调蓄雨水功能的绿地和水体，合理衔接和引导屋面雨水、道路雨水进入地面生态设施，并采取相应的径流污染控制措施，如图 4-25 所示；设置硬质铺装地面中透水铺装面积的比例；合理规划地表与屋面雨水径流，对场地雨水实施外排总量控制。

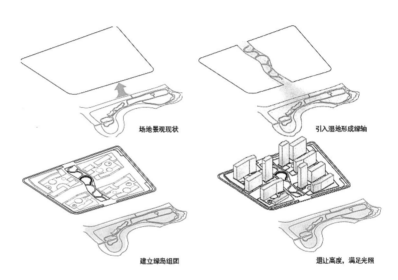

场地景观现状 引入湿地形成绿轴

建立绿岛组团 退让高度，满足光照

图 4-24　利用场地周边绿地（作者：何若晖，谢菡亭 2014-2015 学年）

图 4-25　雨水回收利用（作者：曹慧，徐文婷 2015-2016 学年）

场地与公共交通设施具有便捷的联系，在出入口设计时控制场地出入口到达公共汽车站的步行距离，注意与周围线路公共交通站点（含公共汽车站和轨道交通站）的衔接；有便捷的人行通道联系公共交通站点，场地内人行通道采用无障碍设计；合理开发利用地下空间，合理设置停车场所。

　　提供便利的公共服务，功能分区明确，空间布局合理，幼儿园、小学及商业服务设施等设施配套齐全。

　　合理选择绿化方式，科学配置绿化植物；种植适应当地气候和土壤条件的植物，采用乔、灌、草结合的复层绿化，种植区域覆土深度和排水能力满足植物生长需求；采取措施降低热岛强度，红线范围内户外活动场地有乔木、构筑物遮荫措施的面积达到一定标准，见图4-26，选择适宜当地树种，合理布置在活动空间周围。

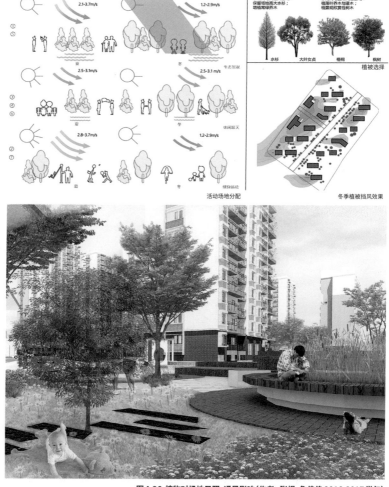

图4-26 植物对场地日照、通风影响（作者：张煜，詹佳佳 2016-2017学年）

场地内风环境有利于室外行走、活动舒适，充分利用冬夏季的主导风向及特殊地形环境气流，组织和创造良好的小区和建筑单体自然通风环境；可利用专业软件对活动场地位置及活动内容进行调整，如图4-27所示，选择最适宜的用地为居民的各类活动提供相应场地。

活动场地日照应结合居民活动特点及住宅日照要求，并运用相关软件进行模拟分析与设计调整，如图4-28所示。

场地内环境噪声符合现行国家标准《声环境质量标准》GB 3096的有关规定。

（2）绿色住宅设计

套型设计应根据居住生活需求，设计结构科学合理，高效利用室内空间，

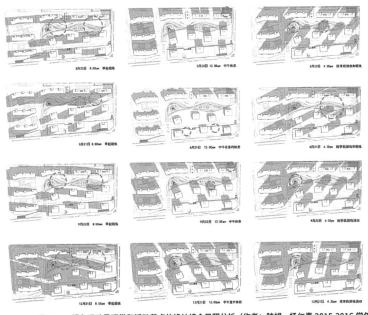

图4-27　绿色运动景观带和活动节点的设计结合日照分析（作者：陆娟，杨仁青2015-2016学年）

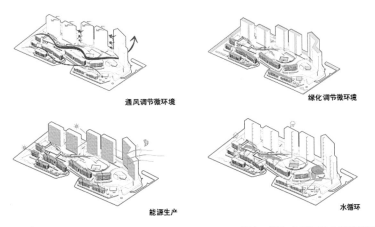

通风调节微环境　　绿化调节微环境

能源生产　　水循环

图4-28　地设计结合日照、通风（作者：曹慧，徐文婷2015-2016学年）

满足居住者生活、生理、心理等需求，实现舒适、健康的居住条件。

设计中除了对流线、尺度等基本要求之外，还可以从居住的开放性和灵活性等方面体现可持续发展理念。如图 4-29 所示，通过预制构件实现居住空间的灵活组织以适应不同居住类型人群多样的生活需要。

套型组织有利于采光通风，满足日照通风各项规定；如图 4-30、图 4-31 所示，利用专业软件对住宅的开窗方式及套内通风组织进行分析，以期达到最优效果。

对传统民居的气候应对策略进行研究，挖掘传统民居文化中的绿色理念，从可持续营建体系及群体建筑空间体系等不同层面，了解并鼓励运用其建造的综合技术手段和设计思维方式，在环境容量、气候适应性及空间形

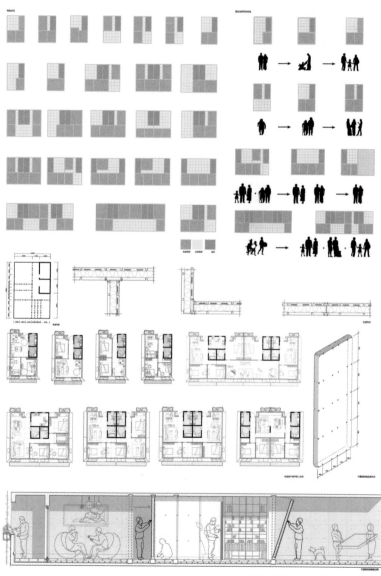

图 4-29　住宅套型灵活设计（作者：李欣叶，常哲晖 2013-14 学年）

- 四种窗户：

重点设计

南窗 → 相关计算 → 尺度调整 → 计算验证（火灾热烟模拟）

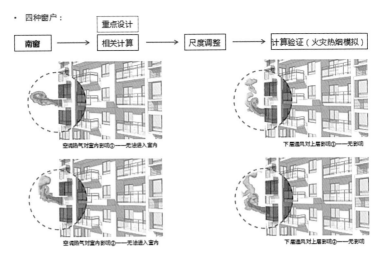

图 4-30　住宅立面开窗研究（作者：张煜，詹佳佳 2016-2017 学年）

- 运用phoenics对室内通风进行验证

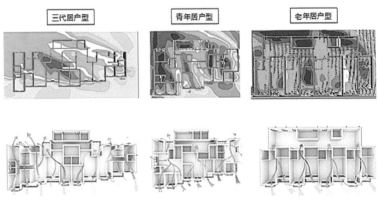

图 4-31　通风对套型设计影响（作者：张煜，詹佳佳 2016-2017 学年）

图 4-32　住宅造型结合太阳能、垂直绿化　（作者：何若晖，谢菡亭 2014-2015 学年）

态等方面，提出符合地域气候特征的组团空间以及平面、立面和剖面设计。在建筑材料及其构造等方面，探讨住宅典型构造节点设计。

单体设计考虑太阳能设施一体化设计；在住宅建筑造型设计上与遮阳、垂直绿化结合（图 4-32）；此外还可以对围护结构节能等方面进行专项设计。

3. 项目场地

可持续住区设计（2009-2010 学年）的基地位于南京浦口区珠江镇，地势东西两端高、中间低，周围分布有高校及产业园区，项目建设用地为 11.2 公顷（图 4-33）。

绿色住区设计（2012-2013 学年）所选基地位于南京市建邺区奥体中心的东北部，周围交通方便，配套设施较为齐全，项目建设用地为 6.8 公顷（图 4-34）。

图 4-33　浦口区珠江镇地块

图 4-34　建邺区奥体用地

4. 设计任务书与规划要点

学习掌握现代城市住宅规划和住宅建筑设计的基本概念及设计方法，了解住宅建筑的地区规范、功能要素、空间形态、建筑防火等方面的要求，具备应对综合问题的设计能力。

鉴于绿色住区设计的综合性和复杂性，设计可参照《绿色建筑评价标准》涉及的评估内容，设定绿色设计方向，在住宅建筑与绿色技术的结合；节地、节能、节水等方面有所体现。

规划设计要点：容积率和建筑密度；退界（道路，用地）；

间距（日照，规划，消防）；朝向和日照分析（多层、中高层、高层）；道路组织和分级（小区级，组团级，宅间道路）；停车（机动车、非机动车；地面、地下、立体）；绿化（绿地率，集中绿地率）；消防（总平面；中高层、高层单体）；套型和套型配比；空间布局与用地平衡。

5. 成果要求

本案设计以组为单位完成设计，每组两个学生。

(1) 场地调研报告

对该地段的城市区位、自然地形、人口构成、空间特性、文化环境、城市基础设施等进行调研做出评价；设定绿色设计目标。

(2) 住区规划设计

场地环境模型 1:500，材料自定。

总平面图 1:500 ～ 1:1000。

总平面与空间环境分析图：包括功能分区、空间组织、道路交通结构、绿地与景观系统、消防安全疏散等。

住区绿色设计表达，环境设计技术分析图：日照、通风、场地分析、绿地率与可渗水地面面积比分析等。

总平面技术经济指标。

(3) 居住单体设计

方案概念分析与图解。

住宅单元平、立、剖面图 1:100 ～ 1:300。

典型户型平面图 1:50 ～ 1:100。

主要经济技术指标。

概念性模型和成果表现模型等（比例自定）。

6. 参考文献

[1] 胡仁禄等. 居住建筑设计原理. 北京：中国建筑工业出版社,2007.

[2] 周俭. 城市居住区规划. 上海：同济大学出版社,1999.

[3] 董卫, 王建国. 可持续发展的城市与建筑设计. 南京：东南大学出版社,1999.

[4] 白德懋 . 居住区规划与环境设计 . 北京 : 中国建筑工业出版社 ,1993.

[5] 世界绿色建筑设计 . 北京 : 中国建筑工业出版社 , 2008.

[6][美]Public Technology Inc. US Green Building Council. 绿色建筑技术手册 . 北京 : 中国建筑工业出版社 , 1999.

[7][美] 凯文 . 林奇 . 城市形态 . 北京 : 华夏出版社 , 2001.

[8] 大众行为与公园设计 [美] A.J. 拉特利奇 . 北京 : 中国建筑工业出版社 ,1990.

[9][丹] J. 盖尔 . 交往与空间 . 北京 : 中国建筑工业出版社 , 1991.

[10] 吴良镛 . 人居环境科学导论 . 北京 : 中国建筑工业出版社 , 2001.

[11] 居住区规划相关规范标准 .

[12] 住宅建筑设计相关规范标准 .

[13] 绿色建筑评价标准 .

4.4.3 课程结构与教学组织

课程分三个阶段进行：第一阶段的任务是了解可持续住区设计程序，通过对一些绿色建筑案例的分析，学习绿色建筑设计手法；对基地及其周边环境进行分析研究，选择有价值的物质和文化因素进行保留，制定绿色住区设计目标，时间为一周半。第二阶段的主要任务是对场地进行深入研究，确定绿色住区设计方向，按照地域特点进行住区规划以及居住单元的设计和组织，应考虑到不同人群的居住生活需求，学习掌握居住规划的基本要求和设计手法，时间为二周。第三阶段主要是设计深化与完善，要求学生按照绿色建筑设计原则进行设计，满足住宅设计相关规范的要求，时间为四周半。

周次	课时	讲课与评图	工作内容	设计进度	绿色要求
第一周	4 课时	讲课：介绍绿色建筑及住区设计知识	场地调研绿色先例学习	调研报告	了解绿色设计概念及评估体系
	4 课时				设定绿色目标
第二周	4 课时	小组讨论	场地分析、居住人群分析	分析图、居住调查报告	确定绿色方向
	4 课时				
第三周	4 课时		规划结构、功能分析		选择绿色技术措施
	4 课时				
第四周	4 课时	中期评图	前期成果汇总	完成初步设计	绿色设计特点明确
第五周	4 课时	分组讨论	住区规划设计	设计深化	绿色专项深度设计
	4 课时				
第六周	4 课时		住宅设计		绿色相关构造节点设计
	4 课时		细部设计	深化调整	
第七周	4 课时				
	4 课时	讲课：设计表达	构思表达	排版构图	
第八周	4 课时		图纸绘制	设计表达、模型制作	绿色设计评价
	4 课时				

4.4.4 优秀作业

1. 可持续住区设计

学生：
杨溯伟
林明路
Marie
指导教师：
张玫英

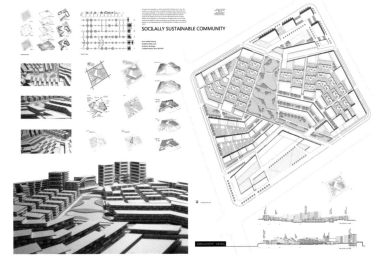

图 4-35　场地分析及总平面设计

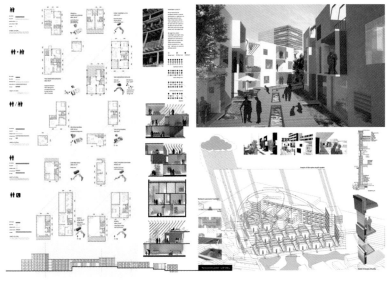

图 4-36　优秀作业《住宅设计及场地雨水收集利用》（作者：杨溯伟，林明路，Marie）

教师点评： 该方案从基地环境分析着手，以促进老人和青年社会交往作为住区可持续发展的出发点；从场地环境出发，合理配置住宅类型，优化组合住区的功能结构，结合城市环境条件组织住区的交通系统。考虑到地形特点及江南水乡的居住传统，将场地绿色设计重点放在水资源的综合利用上，强调资源整合及与城市的互动关系，从日照、通风及水资源利用等方面体现可持续发展要求。住宅设计延续邻里交往互助概念，设计思路清晰，表达完整性较好（图 4-35、图 4-36）。

2. 绿色住区设计

学生：

邹建国

何骁颖

指导教师：

张玫英

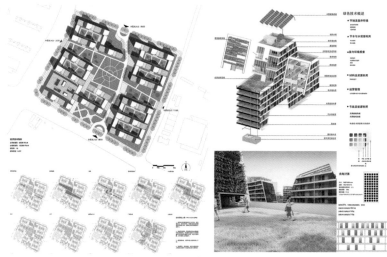

图 4-37　优秀作业《场地设计及住宅太阳能综合利用》（作者：邹建国，何骁颖）

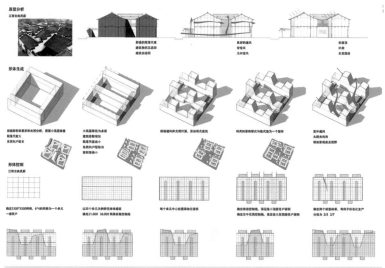

教师点评： 邹建国、何骁颖同学对江南民居应对气候的建筑形式进行研究，按照绿色住区设计原则，结合日照通风，探寻从传统院落到现代高层住宅社区的新模式。在住宅设计上注重太阳能的利用，建筑形式设计考虑太阳能电池板及垂直绿化，并进行量化分析（图 4-37、图 4-38）。

图 4-38　优秀作业《院落式布局及住宅垂直设计》（作者：邹建国，何骁颖）

3. 垂直住区设计

学生：
李欣叶
常哲辉
指导教师：
张玫英

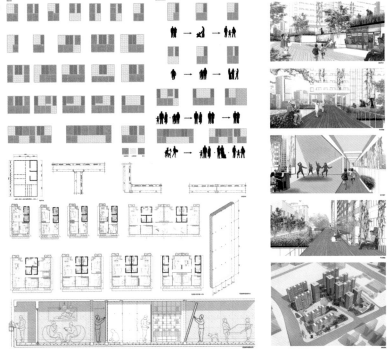

图 4-39　优秀作业《居住单元标准化设计与套型空间灵活划分》（作者：李欣叶，常哲辉）

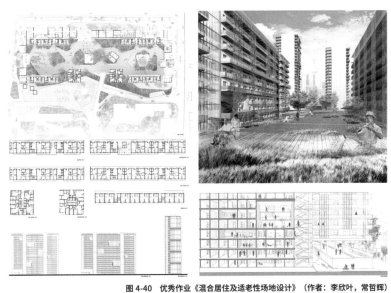

图 4-40　优秀作业《混合居住及适老性场地设计》（作者：李欣叶，常哲辉）

教师点评： 本次作业要求将绿色设计原则运用于高层住宅的设计中。李欣叶和常哲辉同学结合老年群体的居住需求，在住宅设计中采用标准化设计和套型空间的灵活组织以适应不同居住人群的生活需要，在居住空间的长效性方面有所创新（图 4-39）。同时结合日照通风研究和人群行为特点，在场地设计中合理安排不同功能配套，以混合居住的形式应对日渐增长的老龄化社会现状（图 4-40）。

4.5.1 教学要求

过去十多年，绿色建筑设计分析与表达经过了从较为主观的经验性判断到相对客观的数字模拟分析的发展变化过程，从而加强了定性分析与定量描述支持价值判断的功效。作为一种提升建筑设计决策科学合理性的过程与机制，绿色性能的数字理性分析与建筑空间形态生成的交互驱动是极为重要的实践方法，也是东南大学建筑学院四年级建筑设计教学之学科交叉方向中绿色建筑设计教改课题长期关注的基本问题。

如果说四年级设计教学的公共建筑课题是综合各类问题的整合式项目设计教学，那么学科交叉方向中的绿色建筑设计课题则更加侧重数字理性与形态生成交互驱动的意识培养和方法训练。其要求是在考虑功能、环境、规模等基本前提下，突出软件模拟分析作为辅助设计技术手段的地位与作用，在方案概念生成、确证以及方案概念深入、优化这两个建立格局的决策过程中，反复使用软件模拟分析进行多案性能分析与比较，以获得可信结论。

在此基础上，学科交叉方向中绿色建筑设计课题的教学要求，具体地落实在以下几方面。

1. 软件模拟分析方法的重要性与必要性

在早期阶段，由于缺乏必要的先进工具或对工具利用不足，有关声、光、热等建筑物理环境性能的设计分析与表达基本上依赖传统的人工绘制"分析图"或"示意图"，如密布示意气流循环方向箭头的剖面图，似乎建筑师是能够摇笔作法借得东风的现代巫师——根据前信息时代建筑活动的粗糙经验加以推理，很大程度上带有主观臆断性质，从而影响其诠释的坚实度和成果的可信度。随着以 ECOTECT、FloVENT、PKPM 等为代表的有关绿色建筑设计的支持软件作为简便易学的科学经验方法引入设计教学并发挥积极作用，因其模拟功能具有相对的客观性，上述状况得以显著改变。

集数学模拟、智能模拟和物理模拟于一身的模拟实验方法属于科学经验方法中的实验方法，是三大类科学方法中客观性最强的方法之一，具有较高的可信度和很强的说服力（图 4-41）。用它来替代传统的手绘分析图，是建筑设计方法引入计算机辅助设计技术的革命性转变，能够有效规避以往单纯依靠模糊经验和重复试错的风险，提高建筑设计的科学化水平。关于这一点，在设计教学中必须强调知识讲授与案例分析，尤其是精密组织相关平行课程的联动与配合。东南大学建筑学院建筑技术学科老师长年为本科生开设有关选修课程，从制度层面较好地解决了这个问题。

2. 建筑设计全过程的软件模拟方法支持机制

就项目普遍规律而言，建筑设计是连续性很强、循序渐进的过程。因此，建筑设计教学训练也应强调过程的连续性。四年级之前的设计课侧重于不同问题类型的分解，以便让学生切实深入单项基本问题的分析和解决，

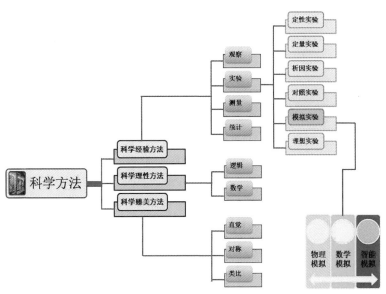

图 4-41 软件模拟分析在科学方法中的归属与角色

而到了四年级则更多地强调不同问题类型的综合分析和处理，这就更需要关注设计过程的阶段性和连续性特征——这种阶段性，不仅表现在不同设计阶段所面对问题的不同类型与不同深度，及其形成的思考的连续性；同时还昭示软件模拟分析方法应该在不同阶段皆应运用于解决上述不同类型与不同深度的问题，以此形成方法层面的连续性。

换言之，从相对宏观的总平面布局、体型设计、空间形态组织到较为微观的围护结构设计、构件与构造设计等各环节，都需要学习和探索建筑空间生成与环境能耗数值模拟交互驱动的设计方法，提高设计效率，以科学理性和清晰的逻辑驱动设计方案的性能优化，并在性能目标前提下进行综合判断和科学决策。

这一全过程支持机制，实际上是由强有力的概念方案推动、典型性清晰的多案比较以及软件模拟辅助决策的反复推进三个方面组成，缺一不可。

3. 设计决策逻辑科学性的坚实诠释

理性教学是 20 世纪 80 年代中后期以来东南大学建筑设计课程教学贯彻的基本精神，它使建筑设计可教、可学。如果说低年级建筑设计课的理性教学侧重单项或少量基本问题的叙事逻辑，四年级设计课的理性教学则更加侧重于人文社科、自然科学和工程技术三方面的交叉、融合与互动，尤其是交叉学科领域的设计教学，就更加强调设计决策逻辑科学性（科学理性）的严谨表达，从而凸显设计思维的科学性——从总平面布置、体型设计、空间形态组织直到较为微观的围护结构设计以及构件与构造设计，每一个环节所使用的软件模拟分析方法，都必须有具体的研究对象、模拟分析数据（图表）展示与比较，尤其是要有明确的结论。概括起来，大体有三个要领：研究对象的图像化、模拟分析数据（图表）的直观化以及结论推导过程的易读性，使用符号化、卡通化的表达风格，最紧要的是逻辑严密。

4.5.2 典型教案与教学记录

滁州某中小企业科技创业园综合办公楼建筑设计

（2011-2012 年度，本科四年级，指导教师：李海清 傅秀章）

1. 课题背景

必须引起警惕的是：绿色建筑发展表现出强烈的"物质主义"倾向——以堆砌先进设备系统为主要特征。其实，运用被动式建筑节能技术，即通过合理的空间组织、结构选型和构造设计，包括提高围护结构热工性能、形体遮阳、自然通风、天然采光等技术策略，以不耗能或少耗能的方式来实现对室内环境舒适度的调节并降低能耗，是充满智慧的绿色建筑之道。空间与形体的选择设计乃是建筑项目的顶层设计，它从根本上决定了环境和建筑的生态质量与节能性能。

作为本课题设计对象的滁州某中小企业科技创业园综合办公楼位于地势平坦开阔、上位规划呈现标准化网格状态、缺乏显著地块特征的城市新区，选择这种环境和项目作为设计教学载体，是因为它不仅反映了近 20 年来中国快速城市化过程中的典型样态（日常状态），也有利于弱化地形环境（复杂多变）给设计教学训练带来的难以控制的影响，而相对凸显软件模拟分析方法，以便学生在设计过程中能够集中注意力，尽可能高效地达到核心目标。

2. 教学主题

（1）被动式节能技术策略

本设计题呈现出"面积指标的大规模 + 设计思维的大纵深 + 软件模拟技术工具驱动"的特点。要求学习"空间调节"设计理念，以被动式设计策略，通过合理的空间组织和构造设计，提高能源利用效率，减少能耗。选择热、光、风三者中任一物理环境因子，学习应用基于体型系数控制和空间调节的节能技术、自然通风设计与调节技术、被动式降温调湿技术、新型自然采光与被动控制技术、被动式采暖及其一体化综合运用技术，学习和尝试应用建筑空间生成与环境能耗数值模拟交互驱动的性能化设计方法。

（2）软件模拟分析方法支持机制

学习和体会建筑设计过程中的软件模拟分析支持机制，强调在该过程中理性推导和选择对于空间形态生成（感觉）的求证和优化。常见的设计教学和设计练习往往向内探求（设计操作）较多，而向上（理论思辨）、向外（技术支持）探求较少，难以形成"坚实的诠释"。事前有"道理"，事后才可能"历史地成为真理"。学习如何通过"坚实的诠释"使项目成立，进而获得建造的机会。具体而言，至少要体会两个阶段的工作机制：第一阶段方案概念生成与确证——比较与选择，以及第二阶段方案概念深入与优化——比较与优选。

3. 项目场地

项目所在场地位于安徽省滁州市全椒经济开发区，纬二路与经三路交叉口西南象限，滨河景观带以北。属南京1小时都市圈核心层，交通区位非常优越，合宁高速（南京至合肥）、沿江高速（马鞍山至扬州）纵横穿过区中，宁洛高速（南京至洛阳）擦区而过，京沪、沪汉蓉高速铁路贯穿开发区。经合宁高速1小时可达南京禄口机场、合肥骆岗机场两个国际机场；距南京新生圩港60公里、龙潭港80km、上海港400km，区内6级航道2小时可直达长江。

项目总用地面积23655m²，原属农用地，地势平坦开阔，原有少量农用建筑、构筑物已拆净。建筑用地退让城市道路要求详见航拍区位图与地形图（图4-42）。

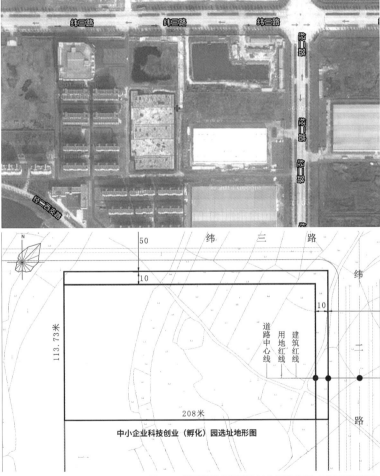

图4-42 场地地形与现状建筑（上为现状卫星图，下为用地红线图）

4. 设计任务书与规划要点

拟建设"中小企业科技创业园"综合办公大楼，此项目是为整个开发区中小企业提供政策、经济、法律、技术支持的集商务、会议、办公、培训的功能场所，是一栋可以提供多方面服务的综合性高层建筑。

（1）功能与面积分配

总建筑面积：50000m²

其中地上部分：

办公室不少于 200 间总共约 18000m²

门厅（含休息厅，贵宾休息室等）1000m²

行政审批服务大厅 150m²

报告厅 800m²

电话电视会议室 12 间总共约 1500m²

洽谈室、会议室、文印室若干总共约 5000m²

职工餐厅（内设包间若干）、厨房总共约 3000m²

辅房若干（银行，邮局，消防控制，设备等）1500m²

交通、卫生空间总共约 14000 ㎡

地下室（含地下汽车库和设备用房）5000m²

1）地面和地下停车数总和不少于 200 辆；

2）容积率 ≥ 1.8；

3）建筑密度 ≥ 20%。

（2）规划要点

1）退让城市道路要求：地面以上建筑退后沿北侧纬二路、东侧经三路用地红线各 10m；

2）地下室退后用地红线均不小于 3m；

3）容积率 ≤ 1.0，建筑密度 ≤ 30%，绿地率 ≥ 40%，建筑高度不超过 50 米；

4）整体园区范围配建机动车停车位数 400 辆。

5. 成果要求：

本案设计以组为单位完成设计，每组两个学生。

要求完成的成果包括：

总平面 1:500。

剖面 2～3 个 1:100。

各层平面 1:100。

立面 2～3 个 1:100。

概念生成分析图比例自定。

结构选型分析图比例自定。

ECOTECT 热工设计分析，针对空间形态体型系数影响、热工设计最不利点和墙身，比例自定。

ECOTECT 光学设计分析，针对办公室、普通会议室、会议大厅、地下车库和墙身，比例自定。

ECOTECT 声学设计分析，针对普通会议室、会议大厅和墙身，比例自定。

FloVENT 自然通风流场分析，针对办公室、普通会议室，比例自定。

PKPM 抗震性能分析，针对高层塔楼，比例自定。

（上述五种软件模拟分析图可以任选，但前三者至少使用一种，主要用于表达方案生成逐步优化的过程，目标是形成"坚实的诠释"。）

典型墙身大样 2~3 个 1:20。

细部设计与节点研究 1:20。

透视效果图 1 ～ 2 个。

手工模型：总体构思阶段（1:1000）推荐材料为卡纸、软木、泡沫塑料、木片等；结构造型阶段（1:100）推荐使用材料为木片、木条、钢丝等。

其他表达设计内容的必要图件。

6. 参考文献

[1] ［西］帕高·阿森西奥著.侯正华，宋晔皓译：生态建筑。南京：江苏科技出版社，2001.

[2] 欧特克.绿色建筑分析应用.北京：电子工业出版社，2010.

[3] ［美］FULLER MOORE.结构系统概论.赵梦琳译.沈阳：辽宁科学技术出版社，2001.

[4] ［美］高层建筑与城市环境协会.高层建筑设计.北京：中国建筑工业出版社，1995.

[5] 李东华.高技术生态建筑.天津：天津大学出版社，2002.

[6] 翁如璧.现代办公楼设计.北京：中国建筑工业出版社，1995.

4.5.3 课程结构与教学组织

这个教案的设计任务为科技创业园办公大楼建筑设计。作为绿色建筑设计方法与机制专题的教学实验，教案设施包含了贯通八周的三条教学线索，它们平行推进、相互交织、交互驱动，形成整体的教学结构。

线索一，课程组织的讲课与评图。主讲教师李海清副教授、傅秀章副教授分别对应教学推进的内容，在第一周、第二周和第六周做了题为"被动式节能设计策略"、"绿色建筑设计与软件模拟分析方法"以及"设计表达"的课堂讲授；在第四周和第八周周末则分别由年级和系组织公开评图，由校外专家、本系其他年级教师和本年级相关方向其他课题教师组成答辩组审查作业。

线索二，四年级常规建筑体形环境设计教学的教程推进，包括总图、建筑单体、重点空间深化与墙身节点大样四个比例由大及小、内容逐级深入的进阶模块，成果包括相应比例的模型和图纸，设计深度达到初步设计技术要求，局部深入到节点大样设计。

线索三，在绿色建筑教学中专门引入性能与软件模拟分析内容。学生需要学习运用相应的模拟分析软件，如 Ecotect、FloVENT 等，在体形设计的相应阶段，模拟分析空间环境的舒适性与能耗指标，对前者进行比较、判断与修正。这一过程应反复多次，在体形环境与数据模拟分析的交互驱动中推进设计。

如在 2011 年春季的课程教学中，王金山和徐佳伟的作业着重点是在夏热冬冷气候条件下，如何在建筑朝向设计和形体组织中创造良好舒适的热工环境。他们首先根据现场地形特点按常规设置典型建筑形体格局，在此基础上，根据建筑形式塑造的需求做出多种变体，并运用 Ecotect 软件进行有关热工环境性能的数据模拟分析（高层建筑标准层平面设计选型对于太阳辐射热自然获得量的影响），反复调试建筑的形体组成和朝向，以期在冬夏两季获得较为舒适的室内与室外热工环境（图 4-43）。

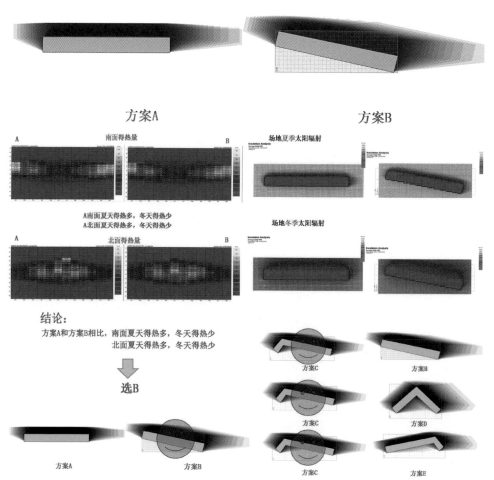

图 4-43　热工环境模拟分析与高层办公建筑塔楼形态塑造的交互驱动的设计过程

180

这样的教学内容明显比普通课题增加了自主性，学生根据自己的兴趣与能力特点，可以在不同的研究兴趣点上深化设计，对其他环节的深度要求可以略做放松。但是在训练方向上，仍然强调高舒适度、低能耗环境目标的设计策略的学习和训练。

例如，在 2011 年春季的课程教学中，吴慧、张倩楠和付婕同学的作业，学习运用 Ecotect 软件进行有关光环境性能的数据模拟分析（高层建筑标准层平面设计选型对于办公空间自然采光均匀度的影响）（图 4-44），通过典型平面、典型朝向的有关数据比较分析，发现照度差 $\Delta=1653-725=928lx$ 为三种典型形态的最小者，得出东南向椭圆形体最有利的结论，非常有说服力。

在接下来进一步的体型环境设计中，为深入研究主楼和裙房的相对位置以及朝向关系，设计小组反复运用 Ecotect 软件，针对高层塔楼以及多层裙房在广场地面上的北向阴影区范围如何最小化展开进一步的比较分析，从而在诸多的个案方向中进行优选。具体而言，这一分析过程分三个步骤进行，每一步骤有 2～3 个选项，分别进行数据模拟分析，再进行比较和价值判断，甚至每个选项内部仍有进一步细分的更深一个层次的选项进行分析比较判断。如此，则可以使体形环境的设计优化过程变得既富有感性起点，更具科学理性的进阶线路和判断依据，从而得出可信的结论（图 4-45）。

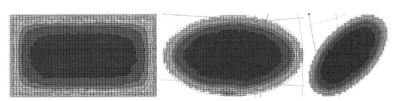

图 4-44　高层建筑标准层平面设计选型对于办公空间自然采光均匀度的影响

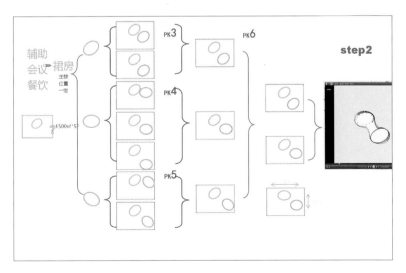

图 4-45　高层塔楼以及多层裙房在广场地面上的北向阴影区范围如何最小化的模拟分析

4.5.4 优秀作业

旋转

学生：
吴慧
张倩楠
付婕
指导教师：
李海清
傅秀章

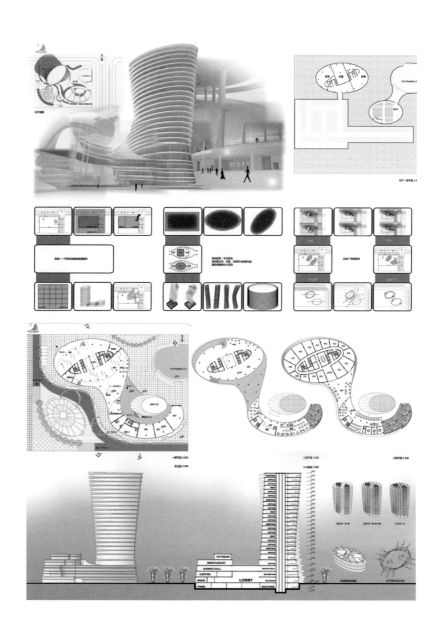

教师点评：该作业以光环境为切入点，探索空间形体、气候适应与节能降耗之间交互驱动的设计方法。作业首先从高层建筑标准层平面选型入手，设计办公楼建筑的高层塔楼形体，之后运用 Ecotect 软件，在高层塔楼和多层裙房标准层平面图中，模拟办公空间室内光环境，分析和对比矩形 / 椭圆形、正交南北向 / 东南向 / 西南向等不同选项的自然采光均匀度以及室外广场的阴影区范围和面积，通过多轮形体塑造和数据交互，判断和决策建筑形体与空间组织关系如何最优。不仅如此，"光的塑形"还深入到幕墙遮阳的细部与构造设计层面，体现了软件模拟分析的全程支持机制发挥的作用。该作业较为完整地贯彻了绿色建筑设计方法与机制的教案要求，在教学组织的各个环节中取得了令人信服的成果（图 4-46）。

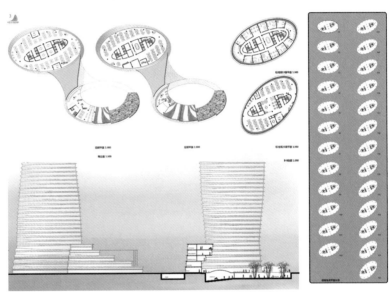

图 4-46 优秀作业《旋转》（作者：吴慧，张倩楠，付婕）

4.6.1 教学要求

作为整个本科阶段学习的集成化和实践性总结，毕业设计要求完成包含从整体环境到建筑细部构造的完整而纵深的设计研究，强调贯穿项目实践的绿色建筑设计理念及其技术策略集成，并具有可实施性。

绿色建筑太阳能一体化是体现技术集成的典型选题，也是建筑技术研究的核心方向之一。从 2012 年开始将此研究课题与本科毕业设计教学相结合，到目前为止已经完成了四次教学任务，其中三次涉及真实建造。为了实现顺应时代发展、激发建筑学自身变革以及大学研究服务于社会的目标，本案教学实践以"建造"为核心，将绿色建筑的研究、技术应用和设计美学相结合，让技术成为建筑学的一种生发力量，集成与整合建筑结构、建筑物理、建筑材料、能源与环境各方面的资源和研究成果，夯实建筑设计的理性基础，适应未来社会发展需求。

因在毕业设计中实现建造，课题设置面积都不大（100 ~ 150m²），根据不同的项目需求，从建造切入设计，理解绿色建筑集成化的设计策略、产品的标准化设计、工厂化生产、运输吊装装配的全过程，掌握建筑、结构、机电等各专业协同的设计方法，采用太阳能一体化集成设计，集成和利用小型污水处理系统等。

绿色建筑太阳能一体化集成技术建造的教学要求，主要体现在以下三个方面。

1. 基于建造的建筑产品设计方法

建筑学的每一次深刻变革，都与建造方式和生产机制有密不可分的关系。通过"建造"来学习建筑设计，可以使学生了解真实的材料和尺度，了解建筑构件的生产制作方式和组合方式，了解图纸到施工之间的空隙与差异，了解建筑策划、设计、生产、建造与维护使用的全部建筑行为过程。首先建造的过程可以检验图纸的正确性，促使学生做出改进和优化设计；其次构造设计不再是图集参考或形式模仿，而是根据材料、建造、生产制造程序等产生的简单而有效的动态的连接组合方式；再次通过建筑全过程的参与，使学生从被动的画图匠到主动的参与策划组织者，摆脱纸上建筑学。毕设教学的建造成果皆包含建筑功能，建筑建成之后不是临时性的建筑小品，不是单一材料的 1:1 模型，而是投入实际使用的建筑实体，是包含生产建造逻辑的建筑产品，具有可复制性和推广性。

建筑产品的设计方法包含对工厂预制、运输、现场安装全过程的控制（图 4-47），其核心内容包括高度集成的模块化设计思路、三级工厂化建造流程以及从施工图到建造图的转化。模块化设计是建筑产品设计方法的关键技术，是实现标准化、预制化和多样化的保证。总结起来模块化设计与建造要突出结构与围护的通用性、完整性、可变性、独立性、系统性，还要强调各专业的协同合作。三级工厂化建造流程可以把原材料逐级装配成可以直接吊装的建筑构件。建造图是按照建造逻辑排列的可以指导施工的图纸，可以分为总装图、模块化产品制作图、标准化节点大样图。

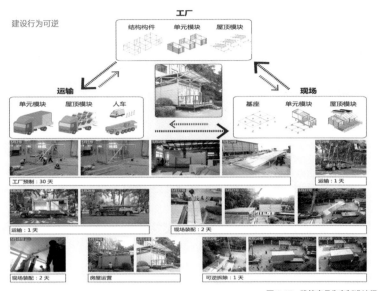

图 4-47 建筑产品生产制造流程

2. 太阳能一体化集成技术

课题要求在建造过程中，集成和应用太阳能光电光热系统，采用并网运行的光伏发电系统不仅可以满足建筑本身用电需要，还可以向电网输送多余的电量，实现建筑太阳能一体化技术。这其中有两个关键问题：

一是与企业相结合，太阳能光电系统这种主动式的建筑节能技术目前在国内因为一些技术和经济问题而没有大规模运用，但太阳能光热系统的应用相对来说比较普及，其问题在于与建筑相结合的集成化程度不高，课题教学要求寻求对这一问题的解决方案。在设计之初组织学生到相关的太阳能生产厂家进行参观，了解相关产品的型号参数等信息，同时请厂家技术人员参与教学过程，而不是等设计完成之后再增添太阳能组件。前期的相互沟通可以使建筑形式与太阳能系统之间紧密结合，避免矛盾和混乱的发生。太阳能光电光热系统不再是建筑上添加的设备和构件，而是与建筑围护结构以及建筑材料紧密结合的有机整体。

二是采用模块化的设计理念，将太阳能系统作为建筑的模块进行设计，可以与建筑结合，也可以独立设置。模块化技术通过对通用部件的升级更换来实现建筑产品的多样化，也可以针对用户的不同需求，只需更换建筑产品中的部分模块，就可以实现产品类型的多样化。

3. 性能控制方法

性能控制方法是指建筑性能模拟辅助建筑设计，即在设计模拟建模阶段，采用相关性能分析软件，分阶段进行模拟分析，深入参与协同工作，将结果及时反馈进而优化建筑设计。建筑性能模拟主要包括室内外风环境、光环境、热环境、声环境的模拟研究。建筑方案设计阶段对节能目标的达成至为关键。分析方案设计阶段设计过程和模拟实践的关系，选择符合设计阶段特点的模拟软件，建立不同模拟软件之间的数据转换方法和结果汇总平台，为设计过程和设计结果提供科学依据。例如在2013-2014学年的毕业设计建造教学过程中，根据声环境模拟结果在屋顶材料中增加了防噪层，大幅度提高了雨天的隔声效果。

在建筑建成之后进行实测检验，研究开发可以将结果直观呈现出来的软件，目前有代表性的成果包括基于分布式光纤的建筑节能监测远程软件，在线反演建筑围护材料热导率软件等。

4.6.2 典型教案与教学记录

新农村社区轻型结构房屋—社区中心设计与建造

（2014-2015年度，本科五年级，指导教师：张宏、徐小东等）

1. 课题背景

在未来很长一段时间内，中国仍将以较快的速度持续发展，随着科学技术的高速发展，人民生活品质的日益提高，绿色建筑，低碳生活，可持续发展对建筑的品质提出了更高更严格的要求，面对这样一种巨大的市场需求，中国的建筑业面临挑战，如何既快速又优质地进行建设，建筑的工业化是必经途径。

在本次课题之前，教学组已经以此为题指导了三次毕业设计，组织了三次建造实践，采用铝合金和钢材为主要结构材料，分别针对山区、海岛等特殊自然条件、自然生态与文化遗产保护环境以及各种突发事件的紧急建造需要，开展适合这些需求的低能耗、自保障、高性能轻型结构房屋体系研究，2012年毕设建造了3m×3m×3m模块的自保障、多功能活动房，2013年毕设建造了3m×6m×3m模块与2m×6m×3m模块组合的完整的居住单元——微排未来屋，2014年毕设建造了12个3m×6m×3m模块及围廊围合而成的院落——"梦想居"未来屋。这些房屋系列的主要特点是低能耗、高性能、自保障、建造速度快、便于拆装、结构轻便等，通过不同功能模块的组合，可以实现居住、办公、研究、景观建筑、养老等多种功能置换。建筑中主要集成和采用的技术包括太阳能光热光电系统，并网运行的光伏发电系统发电量超出自身消耗，实现建筑自身用电需要的同时还可以向电网输送多余的电；采用小型分散式生物生态污水处理系统，处理后达到国家一级A排放标准，污水可以再利用浇灌周围绿化景观等；采用空气净化系统和全屋净水系统，保证居住的健康安全；采用智能系统和环境监测系统，保证居住等使用功能的便利（图4-48）。

本次教学的选址地点位于常州市武进区卢家巷安置小区。武进区位于

时间	名称	成果
2012 年	自保障多功能活动房	
2013 年	微排未来屋	
2014 年	"梦想居"未来屋	

图 4-48　前三次毕业设计的教学成果

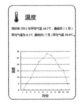  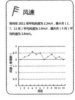

图 4-49　场地区位气候环境

亚热带北缘，气候宜人，土地肥沃，物产丰富（图 4-49）。随着我国城市化、工业化进程的加快，农用耕地通过征收或征用变成城镇建设用地的数量不断增加，由此产生了失地农民的热点问题。卢家巷安置小区属于典型的中国城镇化进程中农村生搬硬套城市生活模式的案例，失地农民从传统的亲近自然的院落式居住模式被迫改变成层叠累积居住的高层公寓生活模式，小区四周开阔的田野与小区内部高密度的居住格局形成鲜明的对比。小区内的建筑设计以及景观环境设计只是对城市居住环境的简单模仿，与原有

187

的文脉环境是割裂的，更加没有深入思考农民的心理述求，这些是快速城镇化进程中难以避免的问题，所谓的"进步"与"革新"在现阶段建设时期会被认为是正确的，有其积极的一面，但随着改革的深入与经济发展步调的放缓，如何建设出理想的生态的安置小区人居模式，如何在安置小区建设中尊重个体发展需求等，还有更多的问题值得我们反思。

2. 教学主题

（1）工业化建造

从多功能轻型钢结构房屋入手，调查卢家巷安置小区使用者的内在需要，参考前三年已有的建造教学成果，合理对应功能、空间、建造、性能等方面。从建造切入设计，理解建筑产品的标准化设计、工厂化生产，以及运输、吊装、装配的全程控制及其意义，设计高效的工艺流程和工程管理方式，选择合理的建筑材料、构造技术、环境生态化处理技术，进行综合应用，初步掌握基于建筑产品模块的公共服务设施设计、工程设计及性能优化的方法。面向社区使用者，完成社区中心的设计与建造。

（2）太阳能一体化集成设计

要求通过对建筑体形与功能使用的分析，初步估算社区中心一年的用电损耗，以太阳能发电占用电损耗的 80% 计算得出太阳能光电板的用量，调研市场上已有的产品，具体到各项参数，综合考虑形式、效率、经济等因素采用合理的产品，集成和整合到建筑设计中。掌握从理念、技术、功能、美学等方面应对社会、经济、生态和文化等方面的挑战和需求。太阳能模块可以独立也可以与建筑相结合，要求一体化程度高。

3. 项目场地

卢家巷安置小区位于武进区淹城路西侧、滆湖路南侧，总建筑面积275700m²，建筑密度为28%，目前居住人口为12020人，共3756户，其中大户型占 4.2%、中户型占 47.7%、小户型占 48.1%。小区内规划设计了三片景观水面，水池深度 0.8m，水池壁及底面为钢筋混凝土浇筑。社区中心建在水面之上。（图 4-50、图 4-51）

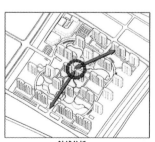
轴线分析

水位分析

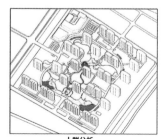
人群分析

图 4-50　场地分析

图 4-51　场地环境照片

4. 设计任务书与设计要求

设计内容		设计要求及设计要点
社区中心周边环境设计	调研选址	分析日照、通风、场地空间节点、人群活动规律等方面因素，合理选择社区中心所在的位置
		社区中心位于水面之上
	总平面设计	规划社区中心出入口和交通路径，考虑社区中心与水面及周边公寓、道路、广场、植被等的相互关系
		社区中心房屋对周边住宅不能产生日照遮挡
		合理规划功能模块的组合模式，综合各方面因素选择最合理的建筑体形
		周边景观环境设计面积与社区中心面积之比为 1.2~1.5:1
		建筑高度不超过 6m（从基础到建筑最高点）
		考虑无障碍设计
	环境治理措施	将周边景观设计与水体净化系统相结合
		采用小型污水处理系统

设计内容		设计要求及设计要点
社区中心建筑设计	功能方面	采用 5~6 个（3m 宽 ×6m 长 ×3m 高）的功能模块进行组合，屋顶模块可根据需要而定，建筑面积控制在 100m² 左右
		设置卫生间，卫生间内设计一个坐便器和一个洗手池，考虑无障碍设计
		设置门厅，空间方面应有公共活动和私密活动的区分
		其余如棋牌、图书、健身、茶座等功能根据调研结果自拟
	建造方面	采用工业化建造模式，即工厂预制现场安装，要求工厂预制率达到 75%~80%，建筑结构材料以钢材为主
		采用合理的建筑基础固定措施
		采用合理的构件加工成型定位技术，设计可以适用于反复拆装的连接节点
		建筑、结构、水电、空调各专业协同设计
		太阳能一体化集成设计
	性能方面	建筑外围护结构防水设计
		设计合理的构造技术措施，避免冷桥
		在设计阶段通过软件模拟建筑声、光、热环境，完善建筑设计

5. 成果要求：

本案以组为单位完成设计，每组两个学生。

成果要求	备注
调研报告	针对苏南地区新农村建设的调研，针对卢家巷安置小区的调研
社区中心及周边场地模型 1:100	材料自定，表现出社区中心与周边场地的关系
社区中心模型 1:20	材料自定，表现出构造连接细部
建造过程动画演示 2 分钟	
透视图 ≥1 个	反映真实场地效果
剖透视图 1 个	反映室内空间设计、建筑外围护结构构造
总平面图 1:200	表现场地环境、建筑形体的控制性尺寸、建筑标高等
平面图 1:50	体现室内外关系、建筑功能、空间、围护体构造、室内装修设计和构造
立面图 2~4 个	反映建筑材料和建筑高度，表现出建筑基础
剖面图 1:50	可结合剖透视
构造细部 1:10 若干	模块内部结构、围护、装修、水电等连接构造，模块与模块之间的连接构造
建筑拆分图	反映建造过程、建筑构件加工成型与定位、建筑构件的数量等
分析图	建筑体形与空间组织分析图、周边交通路径分析图、景观组织分析图、工业化建造流程分析图、建筑内部日照通风等分析图、太阳能光电板及小型污水处理系统技术路线分析图等

6. 参考文献

[1] 张宏等. 特殊纪念性设施建造过程控制. 南京：东南大学出版社，2015.

[2] 张宏等. 构件成型定位与空间生成——钢筋混凝土建筑新型工业化建造研究与示例. 南京：东南大学出版社，2015

[3] 张宏. 用于既有建筑扩展的铝合金轻型结构房屋系统，建设科技2013.

[4] 干申启，张宏. The Discussion of the Concept of Sustainable Development of Ecological Architectural Aesthetics，GCCSEE2012（EI 检索），2012.

[5] 干申启，张宏. Application of Virtual Construction Technology in Green Construction，GBMCE2013（EI 检索），2013.

[6] 罗佳宁. 建筑外围护结构工业化设计与建造——以独立围护体为例，东南大学硕士论文，2012.

4.6.3 课程结构与教学组织

本次毕设教学可以按照建造的过程分为四个阶段。

首先是设计阶段，这是由建筑统筹各专业、集成各种技术的关键阶段，各项技术措施选择是否合理直接影响建造的实施。这要求教师不仅具有传统的建筑知识背景，还应面对建筑产品设计，提出合理的对策和解决方案，引导学生向可以建造的方向前进。

其次是工厂生产阶段，这要求教师和学生与厂家深度合作，甚至教师和学生就在工厂教学办公，指导工人把原材料加工成可以具有空间和性能的建筑构件，这一阶段的工厂实习可以使学生了解材料使用特点、机器加工方式、工人的操作方式，通过实际操作来检验图纸的正确性与便利性，甚至学习有经验工人的装配方法，对设计图进行改进。加工装配的过程也是建筑产品的产生过程，机器、材料、工人与设计师之间的互动会增加学生对建筑作为产品的理解和认知。

再次是现场吊装阶段，涉及工程组织和工程管理，施工工序、材料堆放、机器设备租赁等方面对学生来说是新的知识，是课堂教学所缺失的部分。在现场装配中，基础调平的技术方法、模块的重量与吊车的使用效率、模块吊装的顺序、吊装模块的定位方法等都可以深入探讨成为专题教学内容。现场在保证安全的情况下会尽量安排学生参与简单的建造，通过使用工具了解工具的用途，同时考察构造连接设计的优劣。

最后是现场展示与性能检测，学生可以体验在建筑中居住生活几天，答辩直接在建成房屋中进行。

课程结构

周次	阶段性质	时间	上课安排	作业要求	课程重点
第一阶段：课程说明、建造介绍，图纸设计阶段　时间：4 周					
1	综合认知实态调查	第 1 次课	布置调研报告		1. 熟悉课题要求 2. 掌握实态调查、资料收集、分析、利用方法
		第 2 次课			
2	实态调查与翻译工作	第 3 次课	实态调查	设计建筑平立剖，写实态调查报告	1. 查阅资料，学习典型 2. 梳理功能，配置功能
		第 4 次课		完成实态调查报告，英文翻译	
3	参观实习	1. 鑫霸铝业（含台湾农民生态园）南京 2. 旭建 南京 3. 常州武进绿色建筑博览园 常州			
4	设计定型	第 5 次课	配套设计；模块化设计	完善优化总图、平立剖图、细部详图	1. 了解技术设计 2. 了解工程设计
		第 6 次课	分组改图		
第二阶段：厂家对接、设计深化阶段　时间：3 周					
5	设计深化	第 7 次课	配套设计；模块化设计	完善优化总图、平立剖图、细部详图	1. 掌握现场检测、分析、计算等方法 2. 平、立、剖定稿
		第 8 次课	分组改图		
6	厂家对接	与合作厂家对接		完善优化总图、平立剖图、细部详图、设计建造图	
7	设计优化与确定	第 9 次课	分组改图		
		第 10 次课	分组改图		
第三阶段：产品生产阶段 时间：6 周					
8~12	工厂生产		分组改图工厂实习	深化设计与图纸完成参与实体建造	建造流程的现场控制
第四阶段：社区总装、毕设答辩阶段 时间：3 周					
13			分组改图模块运输与现场吊装	参与实体建造完成图纸、模型及动画	1. 建造流程的现场控制 2. 竣工验收程序模拟
14					
15			系统连接和调试		

　　区别于传统的建筑学教育，绿色建筑集成化设计建造教学要求首先要转变思维，提高建筑的科技含量，研发核心科技。如在 2014 年的毕业设计，周天宇同学在应急救灾工业化建筑设计中，改进了铝合金结构的连接节点，提高了铝合金结构的强度，减少了结构变形，还在内胆连接方面采用榫卯连接方式（图 4-52），这些尝试都是在工厂实习之后得到的启发和联想。

　　教学过程中还鼓励学生对建筑相关产品和技术的关注，如在薛振河同学与张佳石同学的作业中（图 4-53），采用了可以太阳能光伏发电的瓦，在与厂家沟通详细了解产品参数之后，整合到建筑中来。

　　同时还鼓励学生进行跨专业的思考。例如在张挺同学和韩春楠同学的作业中，基于 Revit 和 SU 软件平台进行了二次开发，采用 Ruby 语言设计了组件统计插件（图 4-54），在 SU 软件中，点击菜单栏"扩展程序"，依次点击"组件管理"，"组件统计应用"，打开软件进入主界面，可以看到模型中所有组件的名称和每一个组件的数量，列表可读性强。同时可以实时查看模型中组件。点击组件名称，便可以看到组件形状、数量等信息。这个插件有助于统计建筑构件用于工厂加工，提高效率，也适用于模型的查看与管理。

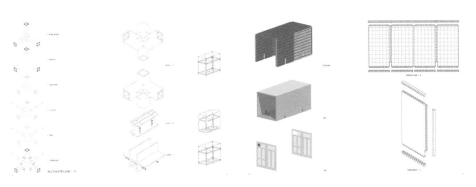

图 4-52　节点的改进与内胆的连接

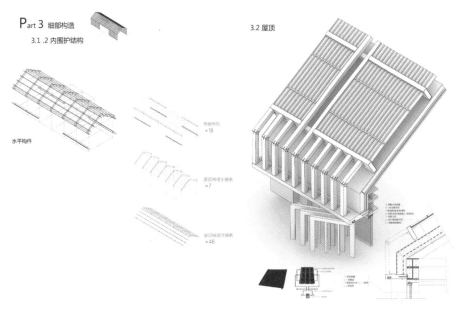

图 4-53　太阳能光伏发电瓦应用及其连接构造

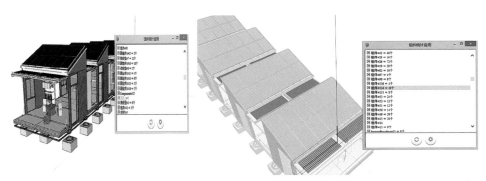

图 4-54　组件统计插件应用

193

4.6.4 优秀作业

1. "消失" 的建筑

学生：
刘子玉
褚经纬

指导教师：
张宏
徐小东等

教师点评： 该作业总平面布局顺应场地环境，能够根据调研结果布置建筑功能，建筑外围护采用了镜面玻璃，点出了"消失"、融入环境的主题。太阳能光伏板与可升起的外围护结构相结合，并解决了可动构造连接的问题，解决了防水的问题。室内家具设计进行了人体工程学的研究。建造图表达清晰。

图 4-55 优秀作业《"消失"的建筑》 （作者：刘子玉，褚经纬）

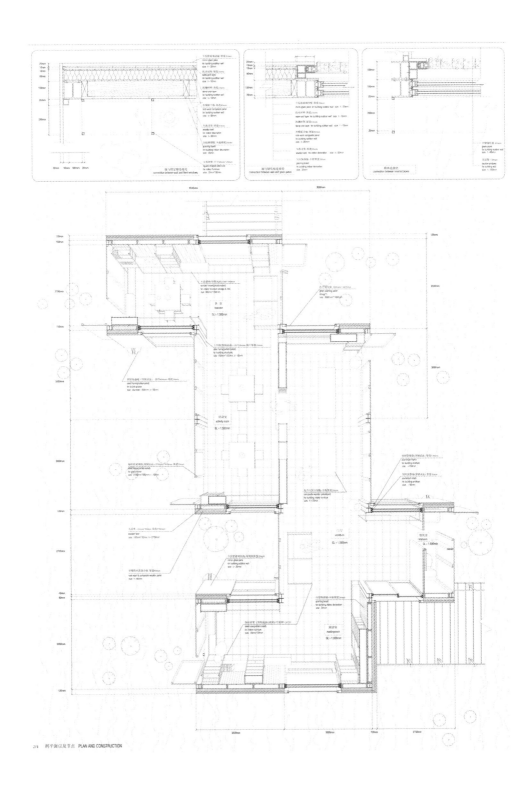

剖平面以及节点 PLAN AND CONSTRUCTION

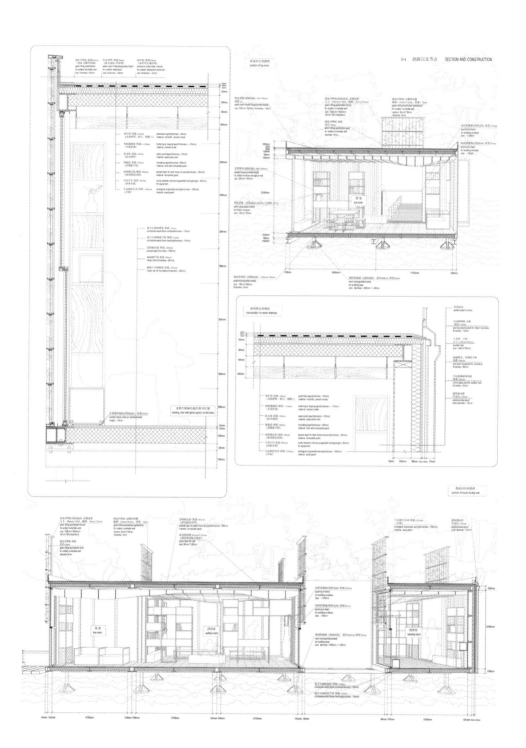

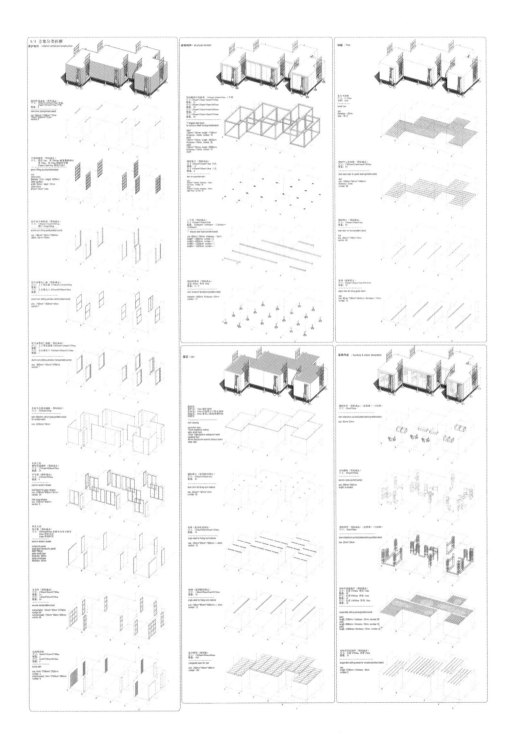

2. 社区中心设计与营造

学生：
薛振河
张佳石
指导教师：
张宏
徐小东等

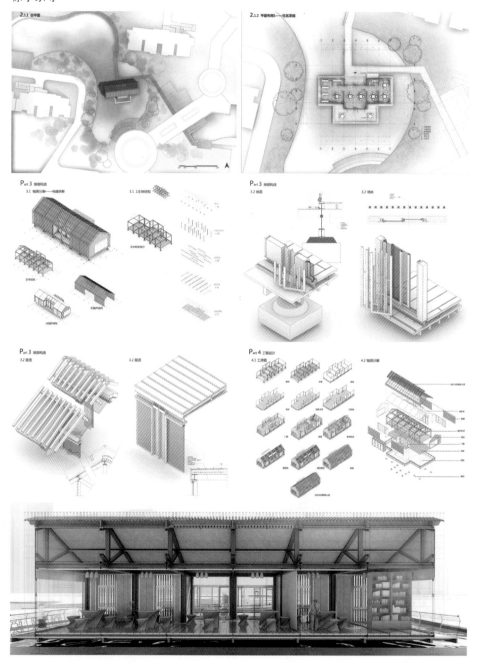

教师点评： 薛振河与张佳石同学的作业选择的场地日照充足，建筑体形简单，便于工业化建筑的装配。特殊的连接节点和构造相比其他组最少，选择的材料和技术措施具有一定的可行性，太阳能光伏产品与建筑集成一体化程度高，建造图纸表达与施工工序虽然不能准确对应但建造装配过程比较清晰，标准化预制构件多，对室内空间可变问题进行了探讨，并设计了可动家具的构造措施。

图 4-56 优秀作业《社区中心设计与营造》（作者：薛振河，张佳石）

后记

　　建筑的建造与使用对自然环境的干预是必然存在的，通过物质与能量的交换，建筑与环境共同构成一个休戚与共、不可分割的整体。建筑不是一个孤立的空间，形成资源和环境自觉的建造与使用方式应该成为建筑的基本准则。而绿色设计教育正是实现这一准则的起点。

　　自 2008 年起，东南大学建筑学院的绿色建筑设计教学逐渐从个体自发的行为转向系统进阶的整合。2010 年针对建筑学科可持续发展的前沿动态，我们提出 "一体两翼"的建筑设计课程新体系，延续原有以空间设计为本体的思路，增加"数字设计"和"绿色设计"为辅翼。由此正式组建绿色建筑设计教学研究小组，探索在本科设计课程中纵贯整合绿色设计教学的知识模块与设计方法，实现绿色设计教学的层次化和系统化。在此基础上，2011 年我们主办了以"绿色：回归设计"的绿色教育与实践论坛，以及全国 11 所一流建筑院校参加的 "中国高等院校绿色建筑设计教育交流展"，并主持了《中国建筑教育》2011 年 03 期"绿色建筑设计与教学研究"专辑。

　　本书是近年来我们绿色建筑设计教学研究与实践的集成，教学的过程也是成书的过程，更是关于绿色设计教学的思考不断深入、教案不断完善、认知不断提高、实践不断成熟的过程。本书的章节编目顺应 1~5 年级的课题进阶，通过教学的要点概述及案例实录，力求全景式展开本科阶段绿色建筑设计的整体架构及成果。

　　教程从立意到成稿，历经六载有余，随着绿色设计教学实践的不断推进，从定位、纲要到结构、内容，增删数回，几易其稿。编写组也从绿色设计小组的 8 位增加到 14 位，由每位老师负责一个年级的 1~2 个完整教案。其中，主编张彤与鲍莉系统地架构了绿色设计教学体系并组织教程编写；张彧、顾震弘负责一年级，吴锦绣、陈晓扬负责二年级，鲍莉、徐小东、夏兵和孙茹雁共同完成三年级，张彤、徐小东、张玫英、李海清和傅秀章分别完成四年级的绿色大型公建、绿色城市设计、绿色住区和交叉学科课题，张宏和张弦提供了毕业设计的案例与成果；最终由鲍莉、吴锦绣统筹 1~3 年级的文稿，张彤统筹高年级的文稿。正是全体同仁的共同努力和持续付出才保证了此书的顺利成稿。

绿色教学的改革和探索是基于东南大学建筑学院建筑学专业原有的整体教学体系的拓展，感谢参与绿色设计教学的所有师生，教程的成型与出版也得到学院一直以来的关心和支持。

付梓之际，还要感谢群岛工作室的秦蕾编辑在排版工作中的建议和付出，更要向中国建筑工业出版社陈桦主任和张健编辑在编辑、出版中的给力支持致以特别的谢忱。

教学的探索永无止境，定案的文字只是我们的思考与实践的阶段性成果，诚邀同行批评指正。

并以此书向东南大学建筑学院 90 周年院庆献礼！

鲍莉

2017 年 09 月 19 日于中大院